跨境电子商务系列规划教材

速卖通平台项目实战

优逸客科技有限公司　编著

西安电子科技大学出版社

内 容 简 介

本书详细介绍了通过速卖通平台开展出口业务所需要的基本知识和技能,较为全面地对速卖通平台的运营工作内容进行了阐述。本书涵盖了平台介绍、账号注册、选品、产品发布、营销推广、跨境物流、评价服务以及纠纷预防和处理等内容。

本书每章节都有详尽的实操步骤指导,涵盖了大量的实操案例以帮助读者理解知识点,同时在每章末尾加入了思考练习题目,帮助读者巩固知识点。通过认真阅读本书并配合实践操作,读者可以快速掌握速卖通平台的运营工作。

本书可作为各高职高专院校跨境电子商务专业、国际贸易专业、英语专业、经管专业等相关专业主修(或辅修)的教学教辅材料,也可作为跨境电子商务行业从业人员,尤其是个人创业卖家、新手卖家的参考书籍,还可作为想转型做跨境电子商务企业的传统外贸企业或制造业工厂等的内部培训教材。

图书在版编目(CIP)数据

速卖通平台项目实战 / 优逸客科技有限公司编著. —西安:西安电子科技大学出版社,2020.6
ISBN 978-7-5606-5689-2

Ⅰ.①速… Ⅱ.①优… Ⅲ.①对外贸易—电子商务 Ⅳ.①F740.4-39

中国版本图书馆 CIP 数据核字(2020)第 076872 号

策划编辑 戚文艳
责任编辑 李英超 雷鸿俊
出版发行 西安电子科技大学出版社(西安市太白南路 2 号)
电　　话 (029)88242885　88201467　　　邮　　编 710071
网　　址 www.xduph.com　　　　　　　电子邮箱 xdupfxb001@163.com
经　　销 新华书店
印刷单位 陕西天意印务有限责任公司
版　　次 2020 年 6 月第 1 版　2020 年 6 月第 1 次印刷
开　　本 787 毫米×1092 毫米　1/16　印张 11
字　　数 252 千字
印　　数 1~3000 册
定　　价 27.00 元
ISBN 978-7-5606-5689-2 / F

XDUP 5991001-1

*** 如有印装问题可调换 ***

序

自 2013 年习主席提出共建"一带一路"倡议以来，我国的进出口贸易额增长迅速，2018 年我国进出口商品总额达 1347 亿元，同比增长 50%。随着"一带一路"建设的走深做实，丝路电商快速发展，成为我国外贸的新亮点。同时，位于丝绸之路经济带沿线的西安和兰州进入我国 2018 年新增 22 个跨境电子商务（跨境电商）综合试验区名单。我国重要城市跨境电商的持续创新发展，将进一步带动"一带一路"沿线国家跨境电子商务的发展。

2015 年我国将"互联网+"作为国家发展战略。2019 年是中国全功能接入互联网的 25 周年。25 年来，中国互联网从以 PC 互联为主导的初级阶段发展到以移动互联为主导的人人互联阶段，如今已进入以人工智能等新兴技术和实体经济深度融合的万物互联新阶段。十九大报告指出，要"推动互联网、大数据、人工智能和实体经济深度融合"。互联网正在从上半场的消费互联网向下半场的产业互联网方向发展。

互联网的发展是从第三产业开始的，进而促进第一、第二产业全面进入产业互联网时代，农业经济重构为智慧农业，工业经济重构为智慧工业，数据成为重要的生产资料。预计到 2030 年，社会将全面进入数字经济时代。届时，电商交易额将超过全球交易额的 40%，移动支付将超过 7900 亿美元，中国将拥有全球 33% 的独角兽公司。

由于跨境电商新业态的快速发展，市场上现有的跨境电商从业者主要还是由原来传统外贸人才在摸索中转变而来的，我国高校并没有与之匹配的人才培养专业，以至于跨境电商行业目前并没有十分充足的人才储备。除此之外，市场的快速发展使得人才需求增加。无论是从官方发布的数据还是企业的调研数据来看，目前跨境电商人才供需的矛盾凸显。2019 年 6 月，商务部研究院电子商务研究所发布的《我国跨境电子商务发展报告 2019》指出，目前我国跨境电商人才的需求主要为复合型跨境电商人才，即熟悉国际贸易规则、掌握电子商务技术、具有网络营销经验与跟单核算技术等能力的跨境电商人才，尤其是能够为企业解决跨境商务中实际问题的实用型人才成为用人单位追逐的对象。

本系列丛书以项目实战为驱动，旨在培养能够为企业解决跨境商务中实际问题的实用型人才，共分为跨境电商基础、跨境电商实战和跨境电商互联网营销三大部分，层层递进，逐步深入。每一部分的侧重点不同：跨境电商基础部分包含《跨境电子商务实务》《电商摄影技术实战》《电商视觉设计实战》三本书，旨在打开跨境电商之门，为后续的运营工作做好准备；跨境电商实战部分通过成立跨境电商部门，对市场进行调研，选择 Amazon、eBay、速卖通、阿里巴巴国际站以及新兴的跨境电子商务平台开展经典项目实战，包含《亚马逊平台项目实战》《速卖通平台项目实战》《eBay 平台项目实战》《阿里巴巴平台项目实战》《新兴市场跨境多平台项目实战》五本书；跨境电商互联网营销部分旨在拓展产品以及店铺的推广渠道，同时依托新媒体资源完成用户的维系工作，最终实现品牌化，包含《新媒体运营项目实战》一书。本系列丛书既可以作为各大高校相关专业教材，又可作为企业运营指导书籍。

最后，希望各位读者通过对系列丛书的研读，结合教材配套资源中心（扫描封底二维码）的内容进行学习，并加上实践操作，能够从一个没有任何经验的跨境电商爱好者，成长为一个专业的跨境电商从业人员，让更多的中国品牌走向国际市场，让"中国制造"变成"中国智造"。

编者委员会
2019 年 11 月

本书编写委员会

前　言

跨境电子商务(Cross Border E-commerce)简称跨境电商，它通常定义为分属不同关境的交易主体通过电子商务平台达成交易，进行支付结算，并通过跨境物流送达商品、完成交易的一种国际商业活动。在以数据为中心的数字时代，我们创新性地用数字重构跨境电子商务，数字贸易以数字企业的数字信用为基石，在数字化重构的人、货、场的场景下具有交易履约的确定性，从而实现全链路的数字化贸易大闭环。

在我国"一带一路"政策的指引下，通过"互联网+中国制造+跨境贸易"的商业模式，越来越多的企业将中国制造的产品通过跨境电商平台销售到世界各地。时至今日，跨境电子商务行业呈现出火热的趋势，因此也带来了极大的人才缺口。国内各高等院校愈加重视跨境电子商务人才培养，希望以就业和创业为教学目的来制订教学规划，从而培养适合企业需求的跨境电子商务复合型人才。本书正是在这样的背景下应运而生的。

本书介绍了速卖通平台这一主流跨境电子商务平台的运营规则、账号注册、选品、产品发布、推广营销、国际物流、评价服务及纠纷预防和处理等内容，以实际工作应用为出发点，理论与实践结合，内容翔实，以项目案例贯穿理论知识，旨在为读者提供更新更及时的跨境电子商务行业实战指引，帮助读者少走弯路，快速提升实操技能。

本书可作为高等院校电子商务专业、跨境电子商务专业、国际贸易专业、商务英语专业等相关专业的专业必修课或选修课的教学用书或参考书，也可作为电商行业从业人员自学用书或企业内训用书。

本书的出版离不开各位作者的努力，在此表达诚挚的谢意，同时感谢优逸客公司的张敬奎、张慧、张俊伟对本书的供稿和支持。

由于作者的学识和实践知识有限，书中内容难免有不当之处，恳请广大读者批评指正。

优逸客科技有限公司

2020 年 2 月

目　录

第 1 章　速卖通平台介绍

项目介绍

　　优斯特贸易有限公司是一家以出口业务为主的外贸公司，主要市场包括美国、加拿大、澳大利亚、日本、俄罗斯及欧洲等国家和地区。在传统外贸中，公司一直奉行的准则是"薄利多销"和"以量取胜"，微薄的利润是从工厂的原材料和劳动力里一分一厘节省出来的。在后金融危机时期，欧美市场消费心态谨慎，当地大宗进口商受金融危机影响，订单剧减，大订单越来越难获得。与此同时，公司意外地发现来自当地中小批发商和零售商的订单需求增长了不少。痛则思变，公司开始筹划转型工作。公司经过前期市场调研以及对跨境电子商务环境的研究分析之后，决定为公司拓展跨境出口业务。

　　经过综合考虑之后，公司决定优先开展 Amazon、eBay、速卖通以及跨境新兴市场平台上的业务。其中，速卖通平台由 Lucas 负责，Lucas 首先需要对速卖通平台进行全面的调研和了解。

　　本章所涉及任务：

➢ 工作任务一：了解速卖通平台的发展历程；

➢ 工作任务二：了解速卖通平台规则；

➢ 工作任务三：了解速卖通平台收费项目。

1.1　速卖通平台的发展历程

　　速卖通平台自 2009 年 9 月上线以来，经过了不断的变革和优化，整个发展过程可以从下面四个阶段来进行阐述。

1. 平台试运行阶段

　　2009 年 8 月 6 日起，阿里巴巴小额外贸批发及零售平台全球速卖通(wholesale.alibaba.com)正式进入试运行阶段，目前该平台依附于阿里巴巴国际站(www.alibaba.com)，只向已付费的中国供应商会员开放。

　　2009 年 9 月，入驻的新卖家需要交纳 19 800 元成为中国供应商，已经成为中国供应商的卖家则可以免费入驻速卖通平台。与此同时，阿里巴巴还会向平台上每笔成功交易根据不同的支付方式收取交易总额 3%～9.15%不等的交易佣金。在优惠期内，阿里巴巴对卖家采用支付宝进行的交易只收取 3%的佣金。该平台在试运行阶段主要攻占美国市场。

2. 零门槛，丰富产品池

2010 年 4 月，速卖通平台全面开放，所有用户均可免费注册使用。该平台对卖家账户的单笔订单只收取交易总金额 5%左右的佣金，如果订单金额中包括运费，则运费不计入佣金的核算范围内。

2012 年 9 月，速卖通平台开通淘代销，将速卖通卖家后台和淘宝卖家后台链接起来。入驻速卖通平台的淘宝卖家可以将已有的淘宝店铺的产品信息通过在线翻译功能直接复制到速卖通后台，然后完善相关的信息即可。通过这样的方式，速卖通平台引入了海量商品。与此同时，速卖通平台通过对之前卖家数据的分析，发现来自俄罗斯和巴西这两个国家的卖家占总数的比重很大，而美国的卖家占比却不是很大。因此平台开始减少对美国市场的投入，重点发力俄罗斯和巴西两大市场。

3. 物流、系统、规则等服务优化

2013 年 3 月，速卖通平台陆续关闭淘代销工具，限制淘代销商品数量从 5000 个调整到 500 个，并鼓励商家进行精细化运营。

2014 年 8 月，速卖通平台针对个别类目逐步出台 3～5 万元不等的年费政策。部分行业类目实行了招商准入，即平台邀请入驻制。

2015 年年底至 2016 年年初，速卖通平台出台新规，对现有类目进行梳理并且全面引入 3～10 万元不等的年费制度，加强对商家服务指标的考核，并引入了关闭考核不达标店铺的机制。

4. 品牌化、品质化不断推进

2016 年年底至 2017 年年初，速卖通平台制订了新的平台规则，启动全行业商标化，同时开始清退个人账户，只接受企业身份的新用户注册。

2017 年，速卖通平台针对个别类目进行商家清理，引入品牌封闭管理机制。

2018 年开始，所有入驻商家必须拥有或代理一个品牌，其注册身份为企业或个体工商户。店铺开通前需要选择销售计划类型，不同的经营大类需要缴纳相应的年费。

如今，速卖通平台已经发展成为世界级规模的平台，如图 1-1 所示。

 10
2010 年平台成立至今已过 10 年，高速发展，日趋成熟。

 230
覆盖全球 230 个国家和地区，主要交易市场为俄、美、西、巴、法等国。

 18
支持世界 18 种语言站点。

 150,000,000+
流量瞩目，海外成交买家数量突破1.5亿。

 22
22 个行业囊括日常消费类目，商品备受海外消费者欢迎。

 600,000,000+
AliExpress APP 海外装机量超过 6亿，入围全球应用榜单 TOP 10。

图 1-1　速卖通发展现状

【案例】

　　Lucas 在了解速卖通平台的发展历程之后遇到一个困惑，速卖通平台支持的 18 种语言都是哪些语言？

【解析】

　　1. 产品发布信息的语言形式(即买家查看网站信息可以使用的语言形式)一共是 17 种：英语、俄语、德语、法语、西班牙语、印尼语、荷兰语、葡萄牙语、波兰语、土耳其语、日语、韩语、泰语、越南语、希伯来语、阿拉伯语以及意大利语，即买家在前台可以看到的语言形式共有 17 种。

　　2. 卖家后台可以使用汉语、英语、西班牙语、意大利语、土耳其语和俄语 6 种语言。

　　因此，速卖通平台一共可以支持的语言形式除了发布信息可使用的 17 种之外，还要加上汉语，即一共支持的语言形式有 18 种。

1.2　速卖通平台规则

　　阿里巴巴全球速卖通(简称"速卖通")致力促进开放、透明、分享、责任的新商业文明，为维护和优化速卖通平台(www.aliexpress.com)的经营秩序，更好地保障全球速卖通广大用户的合法权益，制订了全球速卖通平台规则(即卖家规则，以下简称"速卖通规则"或"本规则")。

　　速卖通规则共包括基础规则、行业规则、知识产权规则、禁限售规则、营销规则、招商规则和卖家保护政策 7 个部分，只适用于来自中国(含港、澳、台地区)的速卖通卖家。本规则为速卖通与卖家的商户服务协议的一部分，与平台其他协议和规则(包括但不限于网站使用协议、隐私政策、网站注册会员协议、阿里巴巴线上交易服务协议等)并称为"平台规则"，一道具有拘束力。为维护平台秩序，保障卖家权益及消费者利益，平台保留变更本规则的权利，并将在变更规则时通过平台网站予以公告，相关变更在公告规定的合理期限后生效。若卖家不同意相关变更，在相关变更生效前应立即停止使用速卖通平台的相关服务或产品，否则将视为接受本规则变更。

1.2.1　基础规则

　　速卖通平台基础规则旨在规范平台卖家在交易过程中的行为，包含卖家基本义务、交易规则、违规及处罚规则和附则四部分。

1. 卖家基本义务

　　卖家基本义务共包含 8 条具体的规则：首先作为平台的卖家，应该遵守中华人民共和国的法律、法规，不做任何违反法律、法规的事情；作为交易过程中的卖方，应该遵循交易自主的原则，切实履行卖家的信息披露、质量保证、发货与服务、售后及质保等义务；

遵循产品发布的要求，不得发布平台禁限售的产品；尊重他人的知识产权，严禁发布未经(知识产权、著作权、商标)授权的产品；要做到诚实守信，兑现服务承诺，不得出现虚假交易、虚假发货以及货不对版等有失诚信的行为；发布商品须如实进行描述，不可夸大其词，造成买家的误解；保证出售的产品在合理的期限内可以正常使用，不得存在危及人身财产安全的风险；对于不遵守规则的卖家，平台有权立即清退。

2. 交易规则

交易规则包含从账号注册、店铺开通，到产品上架、售卖，最后物流发货及订单处理等 13 个部分的内容，共计 63 条。

账号注册、店铺开通整个过程中，所提交的资质证明必须合法合规，不得存在弄虚作假的行为；账号一旦注册成功，系统会生成一个卖家 ID(该 ID 在全网存在唯一性，一旦生成，将无法修改)；店铺开通前需要进行卖家身份认证，未完成身份认证或连续一年内超过 180 天没有登录账号，系统有权终止、收回账号。产品发布、售卖应做到如实描述(包括但不限于商品的标题、图片和详情描述等内容)，诚信经营，履行承诺，针对不同类型的销售计划，店铺发布产品的数量要求也有所不同(后面会进行详细的介绍)。

速卖通发货可以选择线上物流发货(推荐使用该发货方式)，也可以选择线下物流发货；发货时需要遵循买家下单时选择的物流方式，如果未能按照买家下单时选择的物流方式发货，需要及时联系买家进行沟通；选择线上物流方式的，或订单在运送过程中发生破损遗失等意外情况的，均可索赔(索赔金额根据不同的物流公司和承运货物的价值类型进行衡量)，物流导致的纠纷退款由平台承担(标准物流赔付上限为 800 元人民币，优先物流赔付上限为 1200 元人民币)。

订单处理分为订单关闭(自下单起 20 天内没有完成付款的订单)、取消订单(买家付款到卖家发货前，买家可自行申请退款)、发货超时(卖家在约定好的时间内没有完成全部发货的订单)、确认收货超时(买家在承诺运达时间内没有确认收货的订单)以及申请退款(卖家承诺运达时间小于 10 个自然日的，全部发货当天即可申请退款。卖家承诺运达时间超出 10 个自然日的，全部发货 10 个自然日后买家可以申请退款)五种情况；为防止出现订单关闭的情况，卖家要及时地对没有付款的订单进行催付；对于已申请取消的订单，卖家要及时联系买家，了解取消的原因，尽可能地挽回订单；与此同时，要时刻关注已付款待发货的订单，避免因超时未发货造成损失；全部发货之后，要关注订单的物流情况，避免因为物流原因引起超时未确认收货的情况；对于已发起退款的订单，卖家要积极地进行处理(同意或拒绝)，避免升级为平台纠纷，影响店铺的各项数据。

3. 违规及处罚规则

违规及处罚规则包括违规处理措施、违规类型分类及处理等共计 18 条规则，列举了对于违规处理的措施以及违规的类型、处罚节点，针对卖家在经营过程中出现的违规行为进行相应的处罚。

违规处理的措施包括：警告、搜索排名靠后、屏蔽、限制发送站内信、删除评价、限制发布商品、品牌下挂、下架商品、删除商品、限制参加营销活动、关闭经营权限、关闭提前放款功能、冻结账户、冻结卖家资金账户、关闭账户、关闭账户并审核其他订单(未付款的订单直接关闭,付款未发货且处于风控审核中的订单直接全额退款,冻结付款未发货且风控审核完成的订单,冻结卖家已发货且未产生纠纷的订单,交易成功但未放款的订单冻结订单资金)。

平台将违规行为按照违规性质分为知识产权严重违规、知识产权禁限售违规、交易违规及其他、商品信息质量违规四部分,每一个部分单独记取一套积分,每一套分别扣分、分别累计、处罚分别执行。每一类违规的节点和处罚措施如表 1-1 所示。

表 1-1　违规类型、违规节点及处罚措施一览表

违规类型	违规节点	处　罚
知识产权严重违规	第一次违规	冻结(以违规记录展示为准)
	第二次违规	冻结(以违规记录展示为准)
	第三次违规	关闭
知识产权禁限售违规	2 分	警告
	6 分	限制商品操作 3 天
	12 分	冻结账号 7 天
	24 分	冻结账号 14 天
	36 分	冻结账号 30 天
	48 分	关闭
交易违规及其他	12 分	冻结账号 7 天
	24 分	冻结账号 14 天
	36 分	冻结账号 30 天
	48 分	关闭
商品信息质量违规	12 分及 12 分倍数	冻结账号 7 天

表注:表格数据取自速卖通后台。

每一类违规行为扣除的积分将累计一个行为年,即每项扣费累计时间为 365 天。例如,2018 年 5 月 3 日 10 点被扣除了 2 分,要等到 2019 年 5 月 3 日 10 点才会将扣除的 2 分清零。

◆知识拓展◆

1. 交易违规的行为包括订单上网规则(考核 7 天上网率)、虚假发货、信用及销量炒作、严重货不对版、恶意骚扰、不法获利、严重扰乱平台秩序、不正当竞争、违背承诺、诱导提前收货、引导线下交易、店铺恶意超低价、资质证明或申诉材料造假、泄露他人信息以及不正当谋利等。

2. 商品信息质量违规的行为包括搜索作弊、图片盗用、水印图盗用、发布非约定商品(商家须发布已申请且授权成功的品牌下的商品)、留有厂家信息或广告的商品、发布虚假商品、规避或频改规则、在商品标题描述中带有攻击性或亵渎性语言以及其他违反发布规则的行为。

4．附则

附则是针对以上规则的一个附加说明，包括以下两部分内容：

（1）规则中的月、日指自然月、自然日。

（2）基础规则中与招商规则有冲突的，以基础规则为准，与其他规则有冲突的，以其他规则为准。

1.2.2 行业规则

行业规则是针对一些特殊的行业制定的适用于该行业的规则，这些特殊的行业包括 3D 打印机、成人用品/情趣用品、珠宝饰品、服饰行业、3C 数码和 3C 数码配件。

1．3D 打印机

3D 打印机作为特殊品类，在产品发布时(Computer&Office/Office Electronics/3D Printing/3D Printer 类目下)新增 CE 属性，卖家需要根据产品实际情况填写该内容。产品若有 CE 认证，在主图或商品详情页中至少上传一张真实的且带有清晰认证标志的商品图片(或产品包装、标签图片)，图片中需有明确的 CE 认证标示。

2．成人用品/情趣用品

平台针对成人用品/情趣用品类目提供"是否暴露图片""是否性暗示"属性打标功能。相关类目卖家应根据规范对包含暴露图片或性暗示信息的特定商品进行打标。根据各国法律法规要求，打标后的商品以及包含敏感图片或信息的商品将不会在平台 APP 端展示，但仍将在网页端正常展示。部分情趣用品类目下的商品因产品本身的敏感特性，无论是否打标，都将不在 APP 端展示，但将在网页端正常展示。

3．珠宝饰品

为了提高速卖通珠宝饰品行业的整体品质，优化买家购买体验，更好地规范 Fashion Jewelry(流行饰品)和 Fine Jewelry(精品珠宝)这两个二级类目下卖家的商品发布行为，特拟定珠宝饰品行业的标准。在同一个店铺中不能同时存在 Fashion Jewelry 和 Fine Jewelry 两个不同二级类目下的商品。

========知识拓展========

1. Fashion Jewelry 指以非天然宝石或非贵金属制成的饰品，包括以合金、铜或电镀材质、人造宝石、人造水晶以及人造珍珠等材质制成的饰品。Fashion Jewelry 下面的类目与 Fine Jewelry 下面的类目基本相同，但重要属性截然不同，主要区别在于材质属性值、金属类型属性值和镀色属性值。Fashion Jewelry 商品标题需如实描述，保证商品材质和类目属性、标题、详情页描述的一致性。

2. Fine Jewelry 指以珍贵天然宝石或贵金属制成的珠宝饰品。天然宝石包括天然形成或天然形成后经人工加工的宝石、玉石、珍珠及钻石等(人工加工的需在产品页面进行明确标示)。贵金属包括纯度较高的金、银、铂金等。产品主体中金属材质或主石至少满足这些条件之一: 9K 以上的贵金属, PT850 或以上的铂金, 天然宝石、合成宝石(Created Gemstones) 或经过光学、物理、化学等方法人工处理过的天然宝石, 自然形成或养殖的珍珠, 钻石; 含银量在 92.5% 及以上的无任何镶嵌物的纯银产品; 含银量在 92.5% 及以上且镶嵌主石为 天然宝石或经过光学、物理、化学等方法人工处理过的天然宝石, 自然形成或养殖的珍珠, 钻石。

二级类目 Fine Jewelry 下的重要子类目和重要类目属性(值)的中英文对照如表 1-2、表 1-3 所示。

表 1-2 Fine Jewelry 类目下三级类目中英文对照表

三 级 类 目	对 应 英 文
项链	Necklaces
戒指	Rings
耳饰	Earrings
手链	Bracelets
手镯	Bangles
首饰套装	Jewelry Sets
珠宝发饰	Hair Jewelry
脚链	Anklets
珠子	Beads
身体及穿刺首饰	Body Jewelry
胸针	Brooches
领带夹和袖口	Ties Clips & Cufflinks
钥匙链	Key Chains
小吊坠	Charms
项链吊坠	Pendants

注: 小吊坠和项链吊坠的主要区别在于小吊坠的体积较小, 仅用于修饰项链、手链等, 而项链 吊坠往往是项链的焦点。

表 1-3 Fine Jewelry 重要属性中英文对照表

重 要 属 性	对 应 英 文
主石	Necklaces
副石	Rings
金属类型	Earrings
金属纯度	Bracelets
钻石净度	Bangles
钻石重量	Jewelry Sets
钻石形状	Hair Jewelry
珍珠类型	Anklets
珍珠直径	Beads
证书类型	Body Jewelry
证书号	Brooches

注: 其他具体属性值可以参见发布后台, 由于属性值较多, 不在此详细说明。

4. 服饰行业

为了提高速卖通服饰行业的总体产品品质，优化买家购物体验，更好地规范卖家的发布行为及产品质量，特拟定服饰行业标准。其标准参考纺织品行业 GB18401—2010《国家纺织产品基本安全技术规范》和 GB 5296.4—2012《消费品使用说明 第 4 部分：纺织品和服装》。

其标准适用于所有在速卖通销售的以下类目商品：

(1) Apparel & Accessories>Women's Clothing 女装。

(2) Apparel & Accessories>Men's Clothing 男装。

(3) Mother & Kids/ Baby Clothing 婴儿服装。

(4) Mother & Kids/ Children's Clothing 儿童服装。

(5) Apparel & Accessories >Weddings & Events >Wedding Dresses 婚纱礼服。

下面介绍特殊品类管理规范：

1) 羊毛羊绒针织品市场管理规范

(1) 商品定义。

① 纯、全、100%羊绒针织品：羊绒成分含量 95%及以上，差值部分材质必须是羊毛。

② 纯、全、100%羊毛针织品：羊毛成分含量必须达到100%。

③ 羊绒针织品：羊绒成分含量 30%以上(含 30%)的针织品。

④ 羊毛针织品：羊毛成分含量 30%以上(含 30%)的针织品。

(2) 商品标题关键字使用规范。

① 包含关键字"纯、全羊绒"：必须满足羊绒成分含量95%及以上，差值部分材质必须是羊毛。

② 包含关键字"纯/全羊毛"：必须满足羊毛成分含量达到100%。

③ 包含关键字"羊绒"针织品：必须满足羊绒成分含量30%以上(含 30%)。

④ 包含关键字"羊毛"针织品：必须满足羊毛成分含量30%以上(含 30%)。

⑤ 羊绒或羊毛成分含量 30%以下(不含 30%)的针织品，只能使用关键词"针织衫"或"毛衣"，不得使用"羊绒"或"羊毛"。

⑥ 针对"羊绒混纺""羊毛混纺"等关键词使用，也必须满足①、②、③、④关键字使用规范。

⑦ 标题中不允许同时出现"羊毛""羊绒"关键词叠加，若该针织品的羊绒、羊毛成分均大于30%且两者含量一致，可自行选择一个名称使用。

(3) 商品卖点描述规范：商品卖点必须披露完整的成分及含量。示例：55%羊毛、35%涤纶、10%粘纤。

2) 羽绒服装市场管理规范

(1) 商品定义。羽绒服装是指含绒量明示值不得低于 50%的服装。

(2) 商品标题关键字使用规范。包含关键字"羽绒"针织品则必须满足含绒量不得低于50%。

(3) 应标明填充物、含绒量以及充绒量的信息，且要求属性值与吊牌/水洗标保持一致。对填充物、含绒量以及充绒量应标明的信息介绍如下：

① 填充物：白鸭绒、灰鸭绒、白鹅绒以及灰鹅绒。

② 含绒量：绒子和绒丝在羽毛羽绒中的含量百分比。

③ 充绒量：填充羽绒的总重量，单位为克(g)。

示例：填充物——灰鸭绒；含绒量80%；充绒量200g。

3) 真丝服饰市场管理规范

(1) 商品定义。真丝服饰是指桑蚕丝或柞蚕丝含量的100%的服装。

(2) 商品描述使用规范。包含关键字"蚕丝"针织品则必须满足含蚕丝量不得低于30%。

------ **知识拓展** ------

产品标识标志规范：

服饰行业必须具有吊牌(合格证)或耐久性标签，二者必须具备其一。耐久性标签能永久附着在产品上，是能在产品的使用过程中保持清晰易读的标签。耐久性标签的形式包括但不限于水洗标和领标。

吊牌或耐久性标签必须包含的内容如下：

(1) 产品名称(女装行业必须具备)。

(2) 产品号型和规格。

(3) 使用原料的成分和含量。

(4) 洗涤、护理标签(建议标注5个图标)。

同时，可选择性包含以下内容：

(1) 制造者的名称和地址。

(2) 执行标准。

(3) 安全类别(婴幼儿类产品标"A类 婴幼儿用品"，直接接触皮肤类产品标"B类"，非直接接触皮肤类产品标"C类")。

5．3C 数码

为了提高速卖通 3C 数码行业的总体产品品质，优化买家购物体验，更好地规范卖家的发布行为及产品质量，特拟定 3C 数码行业标准。

商家需遵守手机行业标准的产品发布规范(标题、产品参数描述)及产品质量规范的要求。若商家的产品不符合行业发布规范，将影响相应产品的曝光以及平台营销活动的入选概率。若商家的产品不符合行业产品质量规范要求，出售由不具备生产资质的生产商生产的产品或不符合国家、地方、行业、企业强制性标准以及速卖通公布的规则的产品，速卖通将根据产品质量不达标的严重程度，予以不同程度的扣分处罚。具体扣分处罚如下：

(1) 商家未对商品瑕疵等信息进行披露或对商品的描述与买家收到的商品不相符，且影响买家正常使用的，速卖通删除该违规商品，每次扣 2 分，纳入交易违规及其他积分体系中。

(2) 商家对商品材质、成分、参数等信息的描述与买家收到的商品完全不符，或导致买家无法正常使用的，速卖通删除该违规商品，每次扣 12 分，纳入交易违规及其他积分体系中。

(3) 如有经国家机关通报或速卖通官方抽检后确认直接对人身安全造成隐患、危害且影响严重的不合格商品，如电器类商品在工作温度下的泄漏电流和电气强度不合格，速卖通删除该违规商品，每次扣 12 分，纳入交易违规及其他积分体系中。

(4) 商家的商品中出现品质相关的检测不合格的情况，如总辐射功率检测不合格等，速卖通删除该违规商品，每次扣 2 分，纳入交易违规及其他积分体系中。

(5) 若发现商家屡次违规，或违规情节(或影响面)特别严重，速卖通平台将根据其违规行为情节严重程度进行"直接扣 48 分关闭账号"的判定。

6. 3C 数码配件

为了提高速卖通 3C 数码配件行业的总体产品品质，优化买家购买体验，更好地规范卖家的发布行为及产品质量，特拟定 3C 数码配件行业标准。

1) 规则适用范围

本标准规定了以下类目商品的行业标准，平台将根据后续行业发展动态新增规范类目，速卖通将在合理期间内以网站公示的方式进行公告，而不再单独通知，变更后的规则经公示后生效。

(1) Phones & Telecommunications > Mobile Phone Accessories & Parts > Mobile Phone Chargers 充电器。

(2) Phones & Telecommunications > Mobile Phone Accessories & Parts >External Battery Pack 移动电源。

(3) Phones & Telecommunications > Mobile Phone Accessories & Parts >Mobile Phone Batteries 手机电池。

2) 产品发布规范

(1) 标题发布规范。标题须包含"商品名称或型号/规格+其他信息"，商品标题中不得带有任何与商品真实信息无关的文字或符号。若商品已申请品牌，其标题需包含"品牌名称+商品名称或型号/规格+其他信息"。

◆知识拓展◆

1. 若商品为品牌商品的专用配件，其标题需包含"商品名称或型号/规格 + for + 适用品牌或型号 + 其他信息"。若商品为自有品牌，其标题需包含"自有品牌名称 + 商品名称或型号/规格 + for + 适用品牌或型号+其他信息"。

2. 非品牌原装配件的商品，其标题中不得出现该品牌"原厂""原装"等类似字样。

(2) 图片发布规范。商品正面图、侧面图、背面图、电源接头图片等必须能清晰地识别商品的基本信息，包含商品品牌信息、认证信息(如主图上宣称符合 GS、UL 等非强制性指标的需要提交证明文件)以及参数信息，并保证与属性信息一致。

3) 违规处罚

(1) 若商家的产品不符合行业发布规范，将影响相应产品的曝光以及平台营销活动的入选概率。

(2) 若商家的产品不符合行业产品质量规范要求，出售由不具备生产资质的生产商生产的产品或不符合中国及所销售国、地方、行业、企业强制性标准以及速卖通公布的规则的产品，速卖通将根据产品质量不达标的严重程度，予以不同程度的处罚，包括但不限于对违规商品下架、删除，情节严重将对账号执行冻结、关闭等处置。

1.2.3　知识产权规则

平台严禁用户未经授权发布、销售涉嫌侵犯第三方知识产权的商品。若卖家发布、销售涉嫌侵犯第三方知识产权的商品，则有可能被知识产权所有人或买家投诉，平台也会随机对商品(包含下架商品)信息、产品组名进行抽查，若涉嫌侵权，则信息会被退回或删除。根据侵权类型执行处罚，具体处罚措施如表 1-4 所示。

表 1-4　知识产权违规类型及处罚措施

侵权类型	定　义	处罚规则
商标侵权	严重违规：未经注册商标权利人许可，在同一种商品上使用与其注册商标相同或相似的商标	三次违规者关闭账号
	一般违规：其他未经权利人许可使用他人商标的情况	1. 首次违规扣 0 分 2. 其后每次重复违规扣 6 分 3. 累达 48 分者关闭账号
著作权侵权	未经权利人授权，擅自使用受版权保护的作品材料，如文本、照片、视频、音乐和软件，构成著作权侵权 实物层面侵权： 1. 实体产品或其包装为盗版 2. 实体产品或其包装非盗版，但包括未经授权的受版权保护的内容或图像 信息层面侵权： 1. 图片未经授权被使用在详情页上 2. 文字未经授权被使用在详情页上	1. 首次违规扣 0 分 2. 其后每次重复违规扣 6 分 3. 累达 48 分者关闭账号
专利侵权	外观专利、实用新型专利以及发明专利的侵权情况(一般违规或严重违规的判定视个案而定)	1. 首次违规扣 0 分 2. 其后每次重复违规扣 6 分 3. 累达 48 分者关闭账号 (严重违规情况以及三次违规者关闭账号)

注：① 速卖通会按照侵权商品投诉被受理时的状态，根据相关规定对相关卖家实施适当处罚。

② 同一天内所有一般违规及著作权侵权投诉，包括所有投诉成立(商标权或专利权：被投诉方被某一知识产权人投诉，在规定期限内未发起反通知，或虽发起反通知，但反通知不成立。著作权：被投诉方被某一著作权人投诉，在规定期限内未发起反通知，或虽发起反通知，但反通知不成立)及速卖通平台抽样检查，扣分累计不超过 6 分。

③ 同三天内所有严重违规，包括所有投诉成立(即被投诉方被某一知识产权人投诉，在规定期限内未发起反通知，或虽发起反通知，但反通知不成立)及速卖通平台抽样检查，只会作一次违规计算。三次严重违规者关闭账号，严重违规次数记录累计不区分侵权类型。

④ 速卖通有权对卖家商品违规、侵权行为以及卖家店铺采取处罚，包括但不限于退回或删除商品/信息、限制商品发布、暂时冻结账户及关闭账号。对于关闭账号的用户，速卖通有权采取措施防止该用户再次在速卖通上进行登记。

⑤ 每项违规行为自处罚之日起有效 365 天。

⑥ 当用户侵权情节特别显著或极端时，速卖通有权对用户单方面采取解除速卖通商户服务协议和免费会员资格协议、直接关闭用户账号并酌情判断与其相关联的所有账号并采取其他措施来保护消费者及权利人的合法权益或平台正常的经营秩序，由速卖通酌情判断认为适当的措施。该等情况下，速卖通除有权直接关闭账号外，还有权冻结用户关联国际支付宝账户资金及速卖通账户资金，确保消费者或权利人在行使投诉、举报、诉讼等救济权利时，其合法权益得以保障。

⑦ 速卖通保留以上处理措施等的最终解释权及决定权，也会保留与之相关的一切权利。

⑧ 本规则如中文和非中文版本存在不一致、歧义或冲突，应以中文版为准。

1.2.4 禁限售规则

平台禁止发布任何含有或指向性描述禁限售的信息。对于任何违反本规则的行为，平台有权依据《阿里巴巴速卖通的禁限售规则》进行处罚。用户不得通过任何方式规避规定、平台发布的其他禁售商品管理规定及公告规定内容，否则可能将被加重处罚。禁限售产品类别较多，正文中不一一列举，详见附录 1。

其恶意违规行为包括采用对商品信息隐藏、遮挡、模糊处理等隐匿的手段，采用暗示性描述或故意通过模糊描述、错放类目等方式规避监控规则，发布大量违禁商品，重复上传违规信息，恶意测试规则等行为。对于恶意违规行为将视情节的严重性做加重处罚处置，如一般违规处罚翻倍，达到严重违规程度将关闭账号。具体的处罚措施如表 1-5 所示。

表 1-5 禁限售违规处罚措施

处罚依据	行为类型	违规行为情节/频次	其他处罚
《禁限售规则》	发布禁限售商品	严重违规：48 分/次 (关闭账户)	1. 退回/删除违规信息 2. 若核查到订单中涉及禁限售商品，平台将关闭订单，如买家已付款，无论是否完全发货均全额退款给买家，卖家承担全部责任
		一般违规：0.5~6 分/次 (一天内累计不超过 12 分)	

知识产权禁限售违规将累计积分，积分累计到一定分值，将执行账号处罚，其累计扣分节点及处罚措施如表 1-6 所示。

表 1-6　知识产权禁限售违规处罚措施

违规类型	扣分节点	处罚措施
知识产权禁限售违规	2 分	严重违规
	6 分	限制商品操作 3 天
	12 分	冻结账号 7 天
	24 分	冻结账号 14 天
	36 分	冻结账号 30 天
	48 分	关闭账户

1.2.5　营销规则

为了促进卖家成长，增加更多的交易机会，在平台定期或不定期组织卖家的促销活动以及卖家自主进行的促销活动中，卖家应当遵守相应规则。卖家在速卖通平台上的交易情况需满足以下条件，才有权申请加入平台组织的促销活动。

1. 有交易记录的卖家

有交易记录的卖家，需满足如下条件：

(1) 好评率≥90%。

(2) 店铺 DSR 商品描述平均分≥4.5。

(3) 速卖通平台对特定促销活动设定的其他条件。

注：上述的"好评率"店铺 DSR(Detail Seller Rating)商品描述平均分非固定值，对于不同类目、特定活动或遇到不可抗力事件影响时，会适当进行调整。

2. 无交易记录的卖家

无交易记录的卖家由速卖通平台根据实际活动需求和商品特征制定具体卖家准入标准。

卖家在促销活动中发生违规行为的，速卖通平台有权根据违规情节，禁止或限制卖家参加平台各类活动，情节严重的，速卖通平台有权对卖家账号进行冻结、关闭或采取其他限制措施，具体规定如表 1-7 所示。

表 1-7　营销活动中违规行为及处罚措施

违规行为	违规行为定义	处罚措施
出售侵权商品	促销活动中，卖家出售假冒商品、盗版商品等违规产品或其他侵权产品	取消当前活动参与权，根据速卖通相应规则进行处罚
违反促销承诺	卖家商品从参加报名活动开始到活动结束之前，要求退出促销活动，或要求降低促销库存量、提高折扣、提高商品和物流价格、修改商品描述等行为	取消当前活动参与权，根据情节严重程度确定禁止参加促销活动 3～9 个月，根据速卖通相应规则进行处罚
提价销售	买家下单后，卖家未经买家许可，单方面提高商品和物流价格的行为	取消当前活动参与权，根据情节严重程度确定禁止参加促销活动 3～9 个月，根据速卖通相应规则进行处罚

违规行为	违规行为定义	处罚措施
成交不卖	买家下单后,卖家拒绝发货的行为	根据情节严重程度的情况,禁止参加促销活动 6 个月
强制搭售	卖家在促销活动中,单方面强制要求买家必须买下其他商品或服务,方可购买本促销商品的行为	禁止参加促销活动 12 个月;根据速卖通相应规则进行处罚
不正当谋利	卖家采用不正当手段谋取利益的行为,包括:向速卖通工作人员或其关联人士提供财务、消费、款待或商业机会以及通过其他手段向速卖通工作人员谋取不正当利益的行为	根据不正当谋利的规则执行处罚,关闭商家店铺

对于平台活动和卖家自主促销活动中的卖家的违规行为,平台有权根据活动细则或具体情况进行违规处理。如果卖家在促销活动中的行为违反本规则其他规定或其他网站规则,会根据相应规则进行处罚。平台保留变更促销活动规则并根据具体促销活动发布单行规则的权利。若卖家因为一些不可抗力的因素(如地震、洪水等)导致无法参加促销活动的情况属实,平台会根据情况特殊处理。团购活动规则在遵循促销活动规则基础上,同时需要遵循团购规则。

1.2.6 招商规则

速卖通卖家应向平台承诺并保证,在申请入驻及后续经营阶段向平台提供的所有信息(包括但不限于公司注册文件、商标注册文件、授权文件、公司及法人代表相关信息等)准确、真实、有效并且是最新版本,否则平台有权随时终止或拒绝卖家的入驻申请。在完成入驻流程后发现卖家违反规则的,平台有权基于根本性违约取消卖家账号并停止服务,平台也会将该卖家列入非诚信客户名单,拒绝在未来提供其他服务。

卖家按照招商流程进行账户的类目权限申请时,一次可申请开通一个店铺,一个企业下最多可申请开通 6 个速卖通店铺账户。为避免歧义,卖家在系统内开设的子账户不属于此处所指的"账户",不计入 6 个店铺账户的额度。子账户所有行为按其对应的店铺账户受本规则、《2019 卖家服务协议》及平台规则调整。

注:关于平台店铺入驻的相关资质及流程将在第 2 章进行详细的讲解,此处不再过多地赘述。

1.2.7 卖家保护政策

交易期间若突发不可抗力事件(如 2014 年 5～6 月份的巴西大规模罢工事件),平台会根据不可抗力事件的具体情况对卖家进行保护,其中:

(1) 对因该事件引起的"成交不卖""纠纷提起"订单是否计入相关指标进行综合判断,具体的判定和范围以平台公告为准。

(2) 在纠纷处理规则和时效上会做出相应的调整,具体的判定及时间以平台公告为准。

1.3　速卖通平台收费项目

速卖通平台是一个国货出口的平台，卖家可以免费注册入驻。与此同时，平台会向卖家收取一定数额的技术支持和服务费用，这个费用包括两部分：技术服务费和交易佣金。

1.3.1　技术服务费

因平台向卖家提供线上信息发布及交易的技术服务，卖家应为准入的店铺根据选择的经营大类交纳技术服务费(简称"年费")，同样的，平台也会根据卖家经营的情况返还相应比例的年费。2019 年各经营大类技术服务费明细如表 1-8 所示。

表 1-8　2019 年各经营大类技术服务费汇总表

经营大类	年费	是否开放基础营销计划	返 50%年费对应销售额(美金)	返 100%年费对应销售额(美金)
珠宝手表	1 万	是	5000	30 000
服装服饰	1 万	是	15 000	45 000
婚纱礼服	1 万	是	250 00	50 000
美容个护	1 万	是	15 000	40 000
母婴玩具	1 万	是	15 000	30 000
箱包鞋类	1 万	是	12 000	35 000
健康保健	1 万	是	18 000	50 000
成人用品	1 万	否	25 000	65 000
3C 数码	1 万	是	15 000	36 000
手机	3 万	否	45 000	100 000
家居灯饰	1 万	是	15 000	40 000
家用电器	1 万	是	15 000	36 000
运动娱乐	1 万	是	10 000	25 000
电子元器件	1 万	否	30 000	65 000
汽摩配件	1 万	是	15 000	36 000
电子烟	3 万	否	60 000	120 000
特殊类	—	—	—	—

卖家在获得准入资格后应一次性缴纳本年度的年费，年费按照自然年结算，如卖家实际经营未满一年，且不存在规定的任何违约及违规情况被关闭账号，速卖通将根据实际入驻的期间(按自然月计算，未满一个月的按一个月计算，退出当月不收费)扣除年费并退还未提供服务期间的年费，费用在申请退出之日的 30 天内退还至店铺国际支付宝实时绑定的人

民币提现账号。如卖家因以下原因受到相关处罚的，所缴年费全额不予退还，未提供技术服务的年费将作为违约金扣除：

(1) 严重违反协议、卖家规则等(如售假、炒信用或炒销量、严重扰乱平台秩序、资质造假或企业主体注销仍继续经营活动等任何行为)被关闭账号的。

(2) 在该经营大类下发布非该经营大类所属商品，违反速卖通类目准入政策，速卖通将依据严重扰乱平台秩序等规则执行账号处罚的。

(3) 卖家通过作弊手段进行年销售额作假，速卖通将依据严重扰乱平台秩序等规则执行账号处罚的。

1.3.2 交易佣金

交易佣金是指商家在速卖通平台经营店铺期间，需要对每一笔成交的订单向平台支付一定比例的费用。该费用比例根据店铺申请的经营大类有所不同，详情参照附录2。

平台仅针对最终成交的订单金额收取佣金，其中产品的交易佣金按照该产品所属类目的佣金比例收取，运费的交易佣金目前是按照5%的比例收取。如遇订单取消、卖家退款，佣金将按相应比例退还。

本 章 小 结

本章主要讲述了速卖通平台的发展历程、平台规则以及平台收费项目三方面的内容，旨在帮助读者了解速卖通平台以及规范运营过程中的行为，明确店铺内相关费用的扣除原则。只有清楚什么行为是运营过程中必须做到的，什么行为是运营过程中坚决不能做的，才能让店铺经营得风生水起。

课 后 思 考

一、填空题

1. 速卖通平台正式上线时间是_____。

2. 速卖通平台主要交易市场有_____、_____、_____、_____以及_____。

3. 速卖通平台特殊行业包括_____。

4. 服饰行业参考的行业规范是_____。

5. 知识产权违规行为包括_____、_____以及_____。

二、选择题

1. 若发布禁限售商品，严重违规时每次扣(   )分。

A. 6   B. 12   C. 24   D. 48

2. 下列不属于营销活动中违规行为的是(   )。

A．出售侵权商品　　　　　　　B．成交不卖

C．搭配销售　　　　　　　　　D．不正当谋利

3．速卖通平台自下单起(　　)天未完成支付的订单将被关闭。

A．10　　　　　　B．15　　　　　C．20　　　　　D．30

4．交易违规的扣分节点是(　　)。

A．6　　　　　　B．12　　　　　C．18　　　　　D．32

5．2018 年 3 月 31 日，某速卖通店铺违规被扣除 6 分，(　　)违规将扣分清零。

A．2019 年 3 月 31 日　　　　　B．2019 年 3 月 30 日

C．2019 年 3 月 29 日　　　　　D．2019 年 4 月 1 日

三、能力拓展

某贸易公司想要入驻速卖通平台，开设一家速卖通店铺，该公司需要做哪些前期准备？

第 2 章　速卖通卖家入驻

项目介绍

　　Lucas 和他的团队在对速卖通平台进行充分的了解之后，决定在速卖通平台开展相关的业务。注册店铺是开展跨境电商业务的第一步，完成店铺的开设即代表正式进入跨境电商行业。同时，店铺又是所有运营的承载体，所以在店铺开设之前还需要对平台店铺类型及各店铺入驻资质有所了解，避免遭受不必要的损失。

　　本章将重点讲述速卖通平台入驻的相关知识，内容包括前期准备、店铺开通和后台设置三部分。入驻平台时需要熟悉入驻所需的资质材料、入驻的流程，在店铺开通之后，要针对店铺后台的基本信息进行设置。

　　本章所涉及任务：

　　➤ 工作任务一：了解速卖通店铺类型以及入驻各类型店铺需要的资质，提前准备好相关的资料；

　　➤ 工作任务二：熟悉店铺开通流程，能够完成店铺的开通；

　　➤ 工作任务三：明确店铺后台基本设置要求，完成店铺后台的设置。

【知识点】

1. 速卖通店铺类型；
2. 店铺开通所需资质材料；
3. 店铺名称、头像；
4. 二级域名。

【技能点】

1. 准备开店所需的整套资料；
2. 完成店铺的开通；
3. 完成店铺后台信息的设置。

2.1　速卖通店铺类型及入驻资质准备

任务分析

　　在通过学习，了解速卖通平台的相关规则之后，便要着手准备店铺注册、开通所需的资料。在准备资料之前，又需要了解平台的入驻要求、店铺类型以及各类型店铺开通所需资料，本节将针对这些内容进行讲解。

任务实施

入驻速卖通平台需要满足三个必要的条件：进行入驻身份认证(企业或个体工商户)、拥有相关品牌(自有品牌或代理品牌)以及缴纳技术服务费。

速卖通平台店铺类型分为：官方店、专卖店、专营店三种。所有商家准入需提供营业执照副本复印件、组织机构代码证复印件、税务登记证复印件、银行开户许可证复印件以及法定代表人身份证正反面复印件。申请不同的店铺类型，对于品牌资质要求也有所不同，具体内容如表 2-1 所示。

表 2-1　速卖通店铺类型及所需资质材料

店铺类型	基 本 资 质	其他必须资质材料
官方店	1. 营业执照副本复印件 2. 组织机构代码证复印件 3. 税务登记证复印件 4. 银行开户许可证复印件 5. 法定代表人身份证正反面复印件	1. 商标为 R 标 2. 商标权人可直接开设店铺 3. 商标授权人需拥有商标权人的独占授权书和商标证书，商标权人为境内自然人的，需提供商标权人亲笔签名的身份证正反面复印件(境外自然人可用护照或驾驶证代替身份证) 4. 拥有多个商标的，须同时提供多个商标证书
专卖店		1. 商标为 R 标或 TM 状态 2. 商标权人可直接开设店铺 3. 商标授权人需要拥有商标权人的授权书和商标证书，商标权人为境内自然人的，需要提供商标权人亲笔签名的身份证正反面的复印件(境外自然人可用护照或驾驶证代替身份证)
专营店		1. 商标为 R 标或 TM 状态 2. 以商标权人为源头的完整授权或合法进货凭证

注：

① 由于现在实行"三证合一"(营业执照、组织机构代码证和税务登记证三者合而为一，成为新的营业执照)政策，开店需要的基本资质根据开店公司现有资质进行上传即可。

② R 标是商标总局颁发的商标注册证书，TM 标则是商标注册受理通知书。

③ 拥有一个 R 标的开店公司只能在速卖通平台上开设一个官方店，一个官方店只能售卖一个品牌(商标)的产品。

④ 拥有一个 R 标(或 TM 标)的开店公司在速卖通平台上可以开设多个专卖店，一个专卖店只能售卖一个品牌(商标)的产品。

⑤ 拥有一个 R 标(或 TM 标)的开店公司在速卖通平台上可以开设多个专营店，一个专营店可以售卖多个品牌(商标)的产品。

⑥ 表格中相关的授权书样板见附录3、附录4和附录5。

【案例】

David 是一家贸易公司的经理，经营速卖通店铺多年。Lucas 的公司近期打算入驻速卖通平台，但是对于入驻的要求和所需资料一无所知，David 作为 Lucas 的朋友应该如何帮助他？

【解析】

1. 首先告诉 Lucas 入驻需要准备开店主体的相关资质：营业执照副本复印件、组织机构代码证复印件、税务登记证复印件、银行开户许可证复印件以及法人身份证正反面复印件。"三证合一"之后，组织机构代码证和税务登记证已经逐步被取缔，部分企业可能仍有这些证件，根据实际资质情况进行准备即可。

2. 确认 Lucas 的公司的产品是否有自己的品牌，若没有自己的品牌，需要考虑注册一个品牌的商标或代理一个品牌。

3. Lucas 需要提前根据经营产品所属类目准备一笔技术服务费。

2.2　速卖通店铺注册

任务分析

在明确速卖通平台店铺类型及相关资质后，接下来对店铺注册的相关流程进行介绍。整个注册流程分为 5 大阶段：账号注册、身份认证、申请经营大类、品牌授权以及缴纳费用，下面将详细地介绍每一个阶段所需要做的工作。

任务实施

1. 账号注册

(1) 登录"www.aliexpress.com"，在页面最上面的导航条中，点击"Seller Center"按钮，选择"中国卖家入驻"选项，如图 2-1 所示。

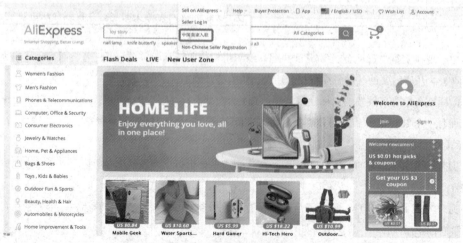

图 2-1　速卖通平台首页

(2) 进入下一个页面之后，点击右上角"注册"按钮，即可进入账号注册页面。账号注册包括如下两个部分：

① 设置用户名(邮箱地址一定是可以收到邮件的邮箱的地址，账号示例：xx@xx.com)，如图 2-2 所示。

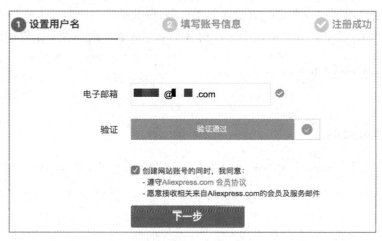

图 2-2　设置用户名

② 填写账号信息(设置登录密码、英文姓名，填写手机号码、联系地址等)，信息填写完成后点击"确认"按钮即可，设置详情如图 2-3 所示。

图 2-3　设置用户信息

注：

a. 填写的邮箱账号为后续登录店铺时所用邮箱账号，所以需要牢记账号。

b. 需要填入的英文姓名是中文姓名的全拼，前面是名，后面是姓。

c. 需要用手机接收验证码，所以手机号码必须是一个可用的手机号码。

(3) 账户信息填写完成之后，需要输入手机验证码(系统会给上一步中填写的手机号码发送一个验证码)，验证完成之后，账号注册就全部完成了，最终显示结果如图 2-4 所示。

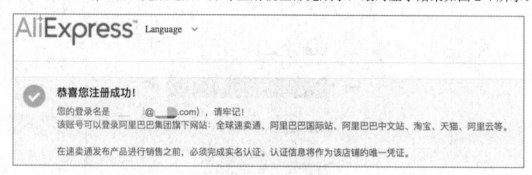

图 2-4　账号注册完成

2. 身份认证

(1) 在完成账号注册之后，需要对账号进行身份认证。登录注册成功的账号，进入店铺后台，如图 2-5 所示。

图 2-5　首次登录店铺后台

(2) 从图2-5中可以看到，在首次登录账号进入店铺后台时，只能进行身份认证这一操作。这里的认证是指用企业支付宝或法定代表人支付宝进行认证，完成店铺账号和支付宝的绑定。点击"立即认证"按钮，进入认证页面，选择认证方式(企业/个体户)，如图 2-6 所示。

图 2-6　选择认证方式

(3) 选择企业的身份时，会有两种认证方式：企业支付宝认证和企业法人支付宝认证。选择个体户身份时，只需要用法人支付宝认证即可。由于企业认证手续最为繁琐，下面就以企业身份认证为例进行相关认证操作。首先选择企业支付宝认证，如果没有企业支付宝，需要进行企业支付宝账号的注册，如图2-7所示。

图 2-7　企业支付宝账号创建

(4) 其中，账户名需要使用格式正确且从未注册过支付宝的邮箱账号，输入正确的验证码后点击"下一步"按钮，这时需要输入一个用来接收验证码的手机号码。验证完成之后，需要进入邮箱进行支付宝账户的激活(点击"继续注册"按钮即可)，详情如图2-8所示。

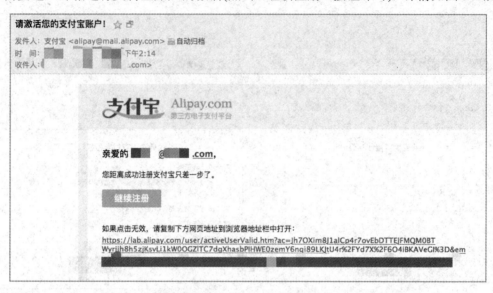

图 2-8　支付宝账号激活

(5) 账号注册成功之后，需要填写账户信息，信息内容如图2-9所示。

图 2-9　填写账户信息

（6）支付宝账户信息填写完成后，需要进行支付宝账号实名认证，实名认证被要求在账号注册成功之日起 2 个月内完成。进行实名认证时，首先需要认证资料登记，如图 2-10 所示。

图 2-10　资料登记—单位类型选择

（7）单位类型选择完成之后，点击"下一步"按钮，上传企业证件和法定代表人证件，按照企业证件和法定代表人证件进行信息填写，具体内容如图 2-11、图 2-12 所示。

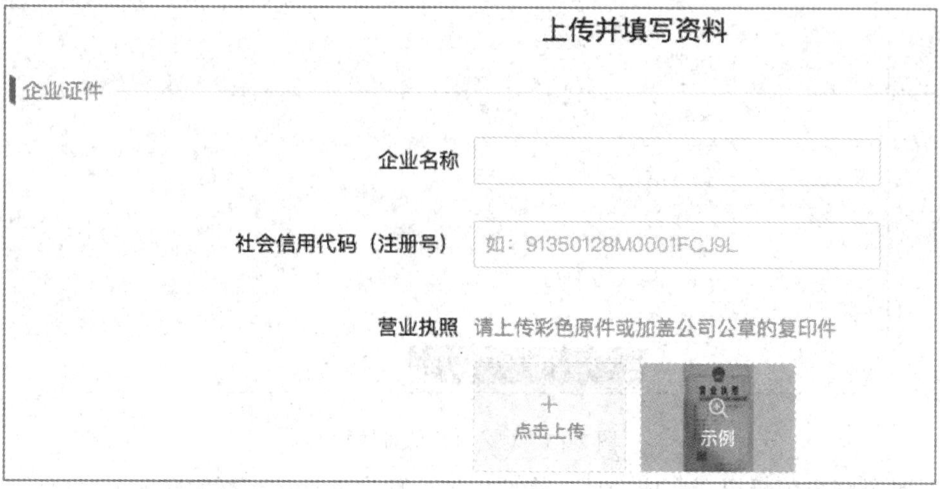

图 2-11　资料登记—企业信息录入

图 2-12　资料登记—法定代表人信息录入

　　完成企业信息以及法定代表人信息录入之后，会进入详细信息的再次核对修改阶段，这时需要仔细核对每一条内容的准确性，确保审核过程的顺利进行。核对完成并提交之后需要等待系统的审核，审核会在 48 小时之内完成，审核结果会通过短信或邮件的形式通知卖家。

　　(8) 资料审核通过之后，需要进行支付宝账户的企业认证，认证方式有两种：企业法定代表人支付宝认证和企业对公账户认证。前者只需登录法定代表人的支付宝进行认证即可，下面重点介绍企业对公账户的认证，填写对公账户信息界面如图 2-13 所示。

✓ 资料登记	② 企业认证	③ 认证成功

填写对公账户信息

请确保对公账户信息填写正确，以免影响后续验证

重选验证方式

银行开户名	★★★★★ 有限公司
开户银行	
开户地区	
开户支行	
银行账号	

提　交

图 2-13　对公账户信息填写

　　(9) 对公账户信息填写完成之后，需要用对公账户进行一笔网银转账，具体的转账金额根据提示进行即可。详细信息如图 2-14 所示，图中金额为 2019 年要求金额标准。

图 2-14 对公账户网银转账

通过对公账户转账完成之后，系统会进行审核，在认证结束之后，该笔款项会退回卖家的对公账户，至此身份认证全部结束。

3. 申请经营大类

(1) 身份认证完成之后，需要申请要经营的类目，一个店铺只能选择一个经营大类。需要对选择的经营大类进行改动时，可以将之前的申请撤销，然后重新申请。身份认证通过审核之后，需要重新登录店铺后台，开始经营大类的申请，如图 2-15 所示。

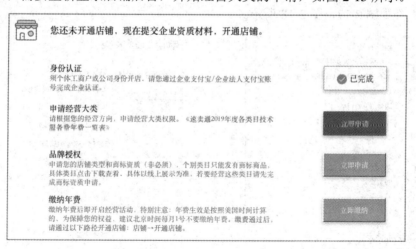

图 2-15 身份认证完成后申请经营大类

(2) 进入后台后，可以看到身份认证已经完成，点击"申请经营大类"后面的"立即申请"按钮，进入经营大类的申请页面。在申请经营大类之前需要选择销售计划类型(基础销售计划和标准销售计划)，如图 2-16 所示。

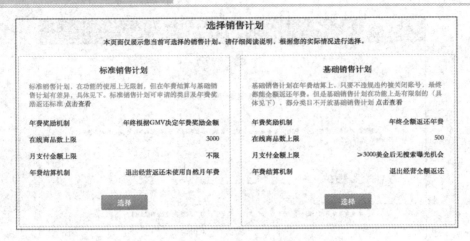

图 2-16　选择销售计划类型

注：

① 个体工商户身份认证的初始阶段只能选择基础销售计划，企业身份认证的则可以在基础销售计划和标准销售计划中选择任一个。

② 基础销售计划实行年费全额返还机制。店铺在线商品数量不得超过 500 (店铺出售中的商品数量最多为 500)。月支付金额(店铺成交金额)超过 3000 美金时，店铺及所有产品则不再获得搜索曝光机会，次月初恢复正常。当 30 天成交额≥2000 美金，且服务等级为非不及格(不考核，或及格及以上)时，可以申请更换为标准销售计划(无需变更注册主体)。

③ 标准销售计划根据年终总成交额决定年费奖励(奖励标准参见第一章表 1-8)，退出经营的返还未使用自然年月的年费，店铺在线商品数不允许超过 3000，在一个自然年内不可切换至基础销售计划。

(3) 销售计划选择完成之后，可以选择该销售计划下对应的经营大类，两种销售计划下的经营大类如图 2-17、图 2-18 所示。

图 2-17　标准销售计划下的经营大类

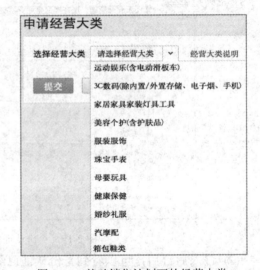

图 2-18　基础销售计划下的经营大类

注：两种销售计划下的经营大类有所不同，个别经营大类不开放基础销售计划。

(4) 在图 2-18 的下拉选项中选择需要经营的大类，然后点击"提交"按钮即可完成经营大类的申请。经营大类申请完成后，既可进行技术服务年费的缴纳，又可进行品牌授权，如图 2-19 所示。

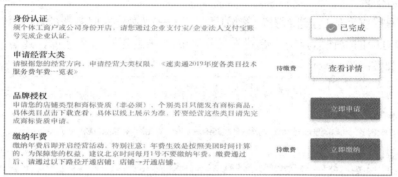

图 2-19 经营大类申请完成

4. 品牌授权

(1) 平台要求部分经营大类必须有品牌授权才可进行产品上架、售卖，必须进行品牌授权的类目见附录 6。品牌授权分为两种情况：商家有自己的品牌的，直接上传商标注册证书即可；商家没有商标的，需要提供相关品牌的授权书以及商标注册证书。在进行品牌授权之前，需要先选择店铺类型，如图 2-20 所示。

图 2-20 品牌授权中店铺类型的选择

(2) 根据前期准备好的资料，选择相应的店铺类型提交申请。提交申请之后，进入到相关品牌查找的页面，输入品牌名称(中、英文名称均可)，在搜索结果中选择该品牌下的相关类目，与此同时上传相关的品牌资料(商标注册证书和授权书)，然后进行提交，如图 2-21 所示。

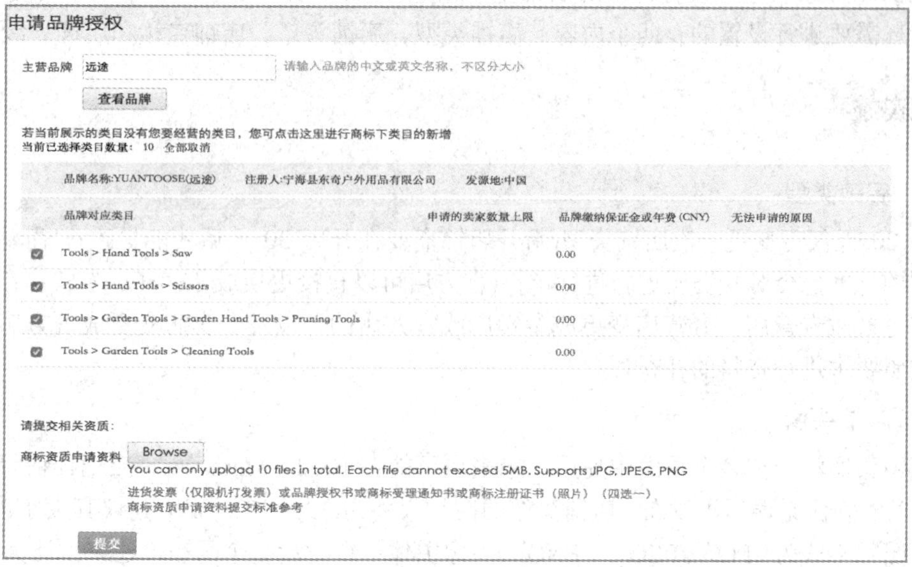

图 2-21 品牌授权

品牌授权提交完成后，平台将会在 7 个工作日内完成审核，审核结果会通过站内信通知卖家。审核未通过的，需要根据提示要求进行修改后再次提交。

5．缴纳年费

(1) 品牌授权完成后，进行开店的最后一步——缴纳技术服务费(年费)。登录店铺后台，在缴纳年费对应的位置后点击"缴费"按钮。在点击之后，缴费之前，还可以进行销售计划的更改，如图 2-22 所示。

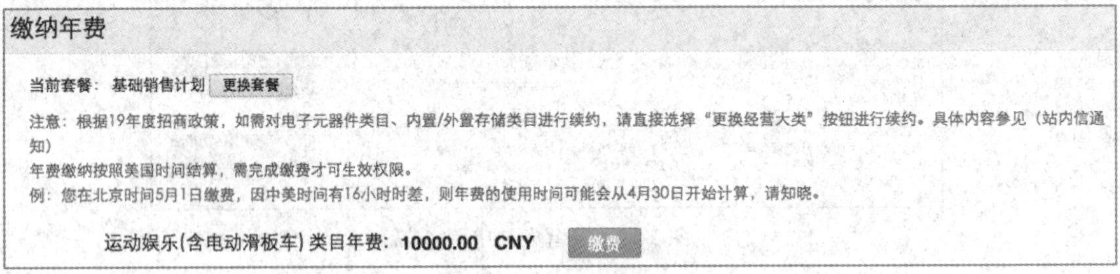

缴纳年费

当前套餐：基础销售计划 更换套餐

注意：根据19年度招商政策，如需对电子元器件类目、内置/外置存储类目进行续约，请直接选择"更换经营大类"按钮进行续约。具体内容参见（站内信通知）
年费缴纳按照美国时间结算，需完成缴费才可生效权限。
例：您在北京时间5月1日缴费，因中美时间有16小时时差，则年费的使用时间可能会从4月30日开始计算，请知晓。

运动娱乐(含电动滑板车) 类目年费：**10000.00 CNY**   缴费

图 2-22　缴纳年费

(2) 年费缴纳完成之后，在店铺后台"店铺"下拉选项中选择"开通店铺"选项，至此店铺注册入驻工作便全部结束。在店铺开通之后，需要进行店铺后台基本信息的设置。

2.3　速卖通店铺基本设置

任务分析

店铺开通之后，店铺的运营工作也就拉开了序幕。在进入真正的运营工作之前，需要对店铺的"形象"进行设置，即对店铺基本信息(在店铺后台显示为"店铺资产管理")进行设置。需要进行设置的有四个内容：店铺类型、店铺头像、店铺名称和店铺二级域名。

任务实施

1．店铺类型

每 30 天仅可变更一次店铺类型(新开店铺需要在开店 30 天后才能更改)。需要更改店铺类型的，平台会对其资质重新进行审核(官方店可以直接更换成专卖店、专营店；专卖店可直接更换成专营店；专营店变更成专卖店或官方店的，以及专卖店变更成官方店的，均需要按照要求进行资料的补充)。

2．店铺头像

店铺头像将会在多个页面中使用，未来也可能在 Feed、Messages、店铺详情等部分使用，所以要确保无误后再发布。店铺头像的图片尺寸为(120 × 120) px，建议其大小为 100 K 左右，图片格式为 JPG、JPEG 或 PNG。头像主体不得撑满整个画布，建议占比为 70%～80%，示例图如图 2-23 所示。

图 2-23　店铺头像示例图

注：上传头像照片前，须确保图片不包含任何违法、知识产权侵权、色情、暴力或其他违反速卖通会员协议或规则的内容。头像中需要使用品牌商标的，需要确认不仅有该品牌的授权销售证明，还要有在速卖通上使用该品牌商标的授权。速卖通平台有权清除任何违反上述要求的图片。

3．店铺名称

店铺名称的字符数须大于等于 4，小于等于 64，只能包含英文字母(a～z 或 A～Z)、阿拉伯数字(0～9)、空格或标点符号，且空格或标点符号不能出现在店铺名称的首部或尾部。在店铺名称规范进行升级后，店铺名称必须以"Store"结尾。

店铺名称只有在店铺类型变更之后才能进行修改(新开店铺初期也只有一次设置店铺名称的机会，所以在设置前要仔细斟酌)。店铺名称设置成功后 24 小时内更新。

4．店铺二级域名

每个店铺只能申请一个二级域名。二级域名的形式为"***.aliexpress.com"，其中"***"部分为二级域名，申请成功后的二级域名将自动指向卖家在速卖通设立的店铺。

构成二级域名的字符数应不少于 4 个，不超过 32 个，且只能包含英文字母(a～z)、阿拉伯数字(0～9)以及"-"，但是"-"不能出现在二级域名的开头和结尾。二级域名应为卖家所持合法权益(自由商标或合法商号)的名称或其对应的汉语拼音。除速卖通形式管理权导致的变更外，不得变更注册申请通过的二级域名。

违反二级域名使用规范或平台规则的，速卖通有权在提前 3 个工作日书面通知(包括但不限于电子邮件、站内信)的前提下无理由停止其对二级域名的使用。

本 章 小 结

本章主要讲述了速卖通平台入驻的资质材料的准备、店铺的注册入驻流程以及店铺开通后店铺后台基本信息的设置。通过这三个部分的实操，卖家能够顺利地完成店铺从无到有的所有工作。需要特别注意的是，三种店铺类型(官方店、专卖店以及专营店)在开店前所需资质内容的多少程度不同，同时应根据所用资质的现有情况做出相应的调整。在开通店铺的过程中，每一步的操作要认真严谨，以便确保顺利地进入到下一步流程，最终完成店铺的开通。

课 后 思 考

一、填空题

1. 速卖通平台店铺类型有_____、_____和_____。
2. 速卖通平台入驻要求有_____、_____和_____。
3. 速卖通平台费用包括_____、_____、和_____。
4. 速卖通销售计划分为_____和_____。
5. 三证合一的三证包括_____、_____和_____。

二、选择题

1. 注册速卖通店铺账号时，只能使用(　　)账号。
   A. 用户名　　　　　　　　　　　B. 电子邮箱
   C. 手机号　　　　　　　　　　　D. 微信
2. 下列不属于店铺认证身份的是(　　)。
   A. 企业　　　　　　　　　　　　B. 国家机构
   C. 社会团体　　　　　　　　　　D. 个人
3. 下列属于基础销售计划的经营大类是(　　)。
   A. 电子烟　　　　　　　　　　　B. 家用电器
   C. 服装服饰　　　　　　　　　　D. 手机
4. 一家企业资质的商家可以开设(　　)家速卖通店铺。
   A. 5　　　　　　　　　　　　　　B. 6
   C. 7　　　　　　　　　　　　　　D. 8
5. 企业对公账户认证时，转账的方式为(　　)转账。
   A. 支付宝　　　　　　　　　　　B. 银行卡
   C. 网银　　　　　　　　　　　　D. 支票

三、能力拓展

1. 入驻速卖通平台注册店铺需要的资质材料有哪些?
2. 绘制店铺注册开通的流程图。

第 3 章　速卖通选品

项目介绍

　　Lucas 和他的团队在了解速卖通平台店铺类型以及所需资质之后，完成了店铺的注册、入驻工作。店铺注册完成后，他们又遇到了难题，这个店铺到底要卖哪些产品？要如何去选择产品才能事半功倍呢？

　　选品是解决卖什么的问题，做好选品工作才可以为店铺运营奠定一个扎实的基础。选择产品的同时，产品的定价也是一个需要考虑的问题。本章将通过 2 个任务来解决这些问题。

　　本章所涉及任务：

　　➢ 工作任务一：使用数据分析工具——"选品专家"进行选品。明确选品方向之后，进行货源信息的收集、筛选；

　　➢ 工作任务二：确定产品货源之后，需要根据市场行情以及采购途径给产品定价。

【知识点】

1. 选品专家工具；
2. 数据透视表；
3. 货源渠道；
4. 产品定价。

【技能点】

1. 使用选品专家进行选品；
2. 使用数据透视表进行数据分析；
3. 汇总产品属性，确定选品方向；
4. 通过不同渠道寻找货源；
5. 熟悉影响定价的因素，确定产品的售价。

3.1　选品专家选品

任务分析

　　所谓选品，不是自己对什么感兴趣或对什么比较熟悉就卖什么，也不是从一些成功案例列举出来的产品中选择。这些都是盲目跟从的方式，缺乏理性的思考和明确的目标性。选品绝不是脑门一热做出来的决定，而是要有思路、有原则地通过数据分析筛选出来的结果。

选品不止是在店铺刚开的时候做的一件事情，而是一个长期的过程，一个伴随整个运营过程的，要实时地了解市场动态的，要不断地坚持去重复的事情。这尽管看似是一个枯燥乏味的事情，但是只有不断地坚持做下去，才能不断有新发现。

任务实施

下面将通过选品专家这一工具，开启选品之路。

(1) 登录店铺后台，在"数据纵横"选项中选择"选品专家"选项，如图 3-1 所示。

图 3-1　数据纵横-选品专家

(2) 选品专家选品有两个方向：热销和热搜。卖家可以选择其中一种(或先后从两个方向)进行选品，下面以选择"热销"为例，进行选品实操。进入选品专家，选择"热销"选项，通过"行业""国家""时间"三个维度来筛选数据。行业可以选择细分类目(细分至四级类目)，国家可以选择"全球"或某一个具体国家(俄罗斯、美国、巴西、西班牙、法国、以色列、荷兰、波兰、英国、乌克兰等 10 个国家)。时间可以选择"最近 1 天""最近 7 天""最近 30 天"中的一个。筛选结果如图 3-2 所示。

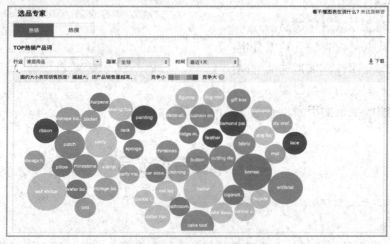

图 3-2　选品专家示意图

注:

① 图中圆圈的大小表示销售热度,圆圈越大表示销量热度越高。

② 颜色越蓝表示竞争越小,颜色越红表示竞争越大。

(3) 在筛选结果中选择蓝色的大圆圈,点击圆圈"bonsai",进入 bonsai 销量详细分析页面。在页面中可以看到 TOP 关联产品、TOP 热销属性和热销属性组合三个模块。在 TOP 热销属性模块可以看到很多相关的属性,每一个属性都可以点击"+"按钮,展开详细的属性内容,如图 3-3 所示。

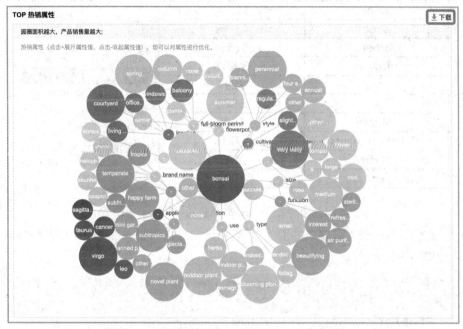

图 3-3 细分属性图

(4) 在 TOP 热销属性模块右上角点击"下载"按钮,即可下载所有属性的数据。下载的数据表格如图 3-4 所示。

行业	国家	商品关键词	属性名	属性值	成交指数
家居用品	全球	bonsai	size	small	81973
家居用品	全球	bonsai	size	medium	73737
家居用品	全球	bonsai	size	mini	62066
家居用品	全球	bonsai	size	large	43061
家居用品	全球	bonsai	variety	other	51650
家居用品	全球	bonsai	variety	flower	30078
家居用品	全球	bonsai	variety	rose	2297
家居用品	全球	bonsai	variety	a	1826
家居用品	全球	bonsai	variety	tomato	1405
家居用品	全球	bonsai	type	blooming plants	47710
家居用品	全球	bonsai	type	herbs	11087
家居用品	全球	bonsai	type	succulent plant	7003
家居用品	全球	bonsai	type	foliage plants	5033
家居用品	全球	bonsai	type	landscape plant	4160
家居用品	全球	bonsai	style	perennial	68994
家居用品	全球	bonsai	style	annual	22377
家居用品	全球	bonsai	style	biennial	1498
家居用品	全球	bonsai	style	other	1066
家居用品	全球	bonsai	style	four seasons	517
家居用品	全球	bonsai	use	outdoor plants	65679
家居用品	全球	bonsai	use	indoor plants	27389
家居用品	全球	bonsai	use	other	865
家居用品	全球	bonsai	use	indoor and outdoor	491

图 3-4 TOP 热门属性数据表

(5) 在成交指数一列的数据单元格左上角会有红色小三角标志(单元格格式不匹配)，需要进行调整。选中该列的数据，点击黄色感叹号按钮，将文本格式的数据转换成数字，如图 3-5 所示。

属性值	成交指数
small	81973
medium	73737
mini	62066
large	43061
other	51650
flower	30078
rose	2297
a	1826
tomato	1405
blooming plants	47710
herbs	11087
succulent plant	7003

数字以文本形式存储

转换为数字
有关此错误的帮助
忽略错误
在编辑栏中编辑
错误检查选项...

图 3-5　单元格数据格式调整

(6) 创建数据透视表。选择表中任一个单元格，点击"插入"按钮，选择"数据透视表"选项，如图 3-6 所示。

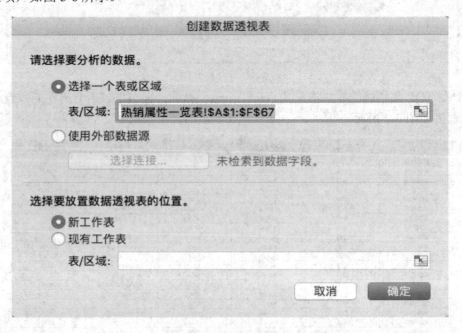

创建数据透视表

请选择要分析的数据。

● 选择一个表或区域

表/区域：　热销属性一览表!$A$1:$F$67

○ 使用外部数据源

选择连接...　　未检索到数据字段。

选择要放置数据透视表的位置。

● 新工作表
○ 现有工作表

表/区域：

取消　　确定

图 3-6　创建数据透视表

(7) 生成数据透视表。把字段名称中的属性名、属性值添加到行选项，成交指数添加到值选项，如图 3-7 所示。

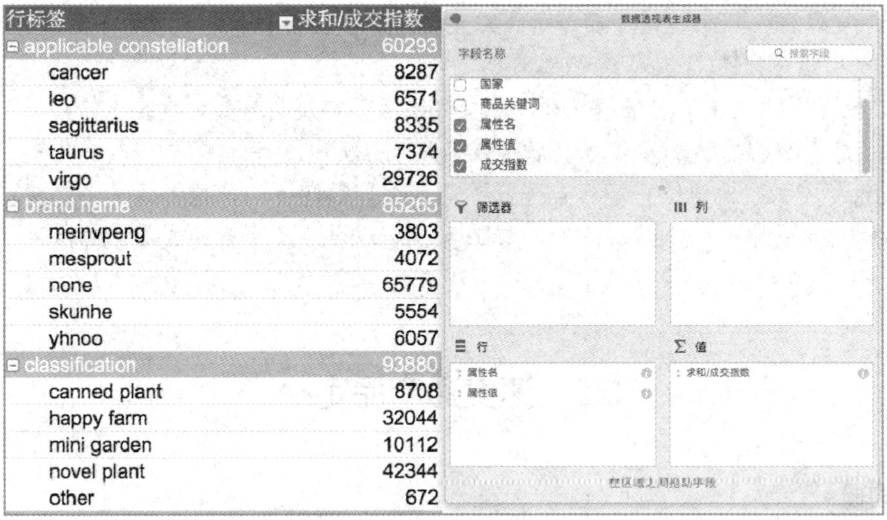

图 3-7　生成数据透视表

(8) 按照成交指数从大到小排列的原则，将属性进行排列整理，如图 3-8 所示。

applicable constellation	Virgo＞Sagittarius＞Cancer＞Taurus
brand name	yhnoo＞skunhe＞mesprout＞meinvpeng
classification	novel plant＞happy farm＞mini garden
climate	temperate＞subtropics＞tropics＞subtropics
cultivating difficulty degree	very easy＞regular＞slightly difficult
flowerpot	excluded＞planted with pot＞included
full-bloom period	summer＞spring＞autumn＞winter
function	beautifying＞interest＞air purification＞refreshing
location	courtyard＞balcony＞living room＞windowsill
size	small＞medium＞mini＞large
style	perennial＞annual＞biennial＞four seasons
type	blooming plants＞herbs＞foliage plants＞landscape plant
use	outdoor plants＞indoor plants＞indoor and outdoor＞pomegranate
variety	flower＞rose＞tomato

图 3-8　产品属性数据汇总整理

(9) 通过汇总整理就可以确定选品的方向(选择最大数据的属性进行整理，即确定 bonsai 这个产品的全方位属性)。至此，单个产品选品过程就全部结束。按照同样的方法可以进行其他产品的分析筛选。

注： 以上是以"热销"为例进行选品，"热搜"选品的方法与"热销"相同。此外，可以同时用两种方法进行选品，进行综合考虑。

❖ **知识拓展** ❖

1. 确定产品之后，就要着手寻找货源。寻找货源的方式有很多种：可以直接联系品牌商或厂家，选择适合的产品；也可以使用常用货源网站，如阿里巴巴(www.1688.com)、环球华品(www.chinabrands.com)、敦煌网(www.dhgate.com)等寻找资源。通过国内货源渠道采购的产品，在出厂和物流跟踪上更加可靠、安全。但是由于平台对知识产权、专利权保护严格，同时会对产品或店铺进行审核，在采购时要有采购发票或厂家的品牌授权书。批量采购时，要和源头厂家确认产品是否为原创，是否存在侵权风险，有无采购发票或单据，以便保证产品的真实性。

2. 如果在网站上找不到好的货源，卖家可以考虑与工厂合作，直接生产产品，这时找一家可靠的工厂就显得尤为重要了。首先卖家要对工厂进行考察，再综合交货期、付款方式、包装运费成本、地理位置等因素进行考量。这是很花时间与精力的一个过程，找多家工厂进行对比也是常有的事情。同时，与工厂合作还会涉及更多的成本，如零件费用、工厂的人工成本和利润、产品运费等。

3.2　速卖通产品定价

任务分析

产品方向选定、货源确定之后，不应急于进行发布，而应先确定产品的定价。产品定价又受哪些因素影响？定价过高，会让顾客望而却步，影响成交额；定价过低，卖家利润单薄，甚至会造成亏损。所以如何合理定价对于卖家而言是一门必修课。本节着重介绍影响产品定价的因素以及应该如何定价。

任务实施

1. 影响产品定价的因素

产品定价时要考虑产品的市场需求、产品本身的成本以及企业发展等方面因素。

1) 产品市场需求

市场的供需对产品的定价的影响非常明显。当市场对某一类产品需求量很大时，势必会造成供不应求的局面，物以稀为贵，产品的定价也就会水涨船高。产品定价的一路上涨就会造成涌现出一大批卖家进行疯狂铺货的局面。当产品的数量供过于求，很多商家为了稳定销量，就会采取降价促销的手段。与此同时，同类型的新产品也会随之产生，顾客又会被新产品的创意和更好的功能所吸引，光顾旧款产品的人流量就会慢慢地被稀释，最后降价就会成为必然的结果。

2) 产品成本

产品定价的第二个因素便是产品成本。如果产品是卖家自有工厂生产的，那么产品成本包括产品生产的原材料、研发、生产、人工等多方面的成本；如果产品是通过市场渠道进行采购的，产品的成本便只是产品的采购价格。产品的运费包括从厂家运到卖家仓库的运费和产品售出后发货的运费。如果卖家没有仓库存放产品，运费就是由采购源头发至货代的运费，再加上由货代发给买家的运费；如果卖家拥有自己的工厂和仓库，则只用考虑发货时的运费即可。

速卖通平台会针对每一笔交易收取一定比例的佣金，很多卖家会忽略掉这部分的支出，但是合格的卖家会在定价时考虑到这一部分的支出，算入产品的售价中，从而保障卖家自己的利润。

3) 企业发展

产品定价的第三个因素就是企业发展。企业发展对产品定价的影响包括企业的预期利润、运营成本以及产品定位。开通店铺售卖产品的目的是盈利，所以利润的多少是卖家定价时必须考虑的一个重要因素，利润可能是成本的几成，也可能是成本的几倍。运营成本包括常规的营销推广和活动的折扣空间的费用，为了提高店铺的销量，对产品设置一定的促销折扣是很有必要的，同时也要进行广告推广，为店铺获取更多的曝光机会。当产品的各方面的数据(评价数量、评分、转化率等)趋于稳定时，就要考虑报名参加一些平台的活动，让店铺进一步地进行提升。参与活动时折扣力度必然要高于日常促销折扣，此时产品的活动空间也就会影响产品的定价。产品定位(产品的质量、服务等)需要考虑产品针对的是哪些消费人群。产品定位低时，定价也就会偏低一些，这样更容易让买家接受。产品定位高时，对产品质量和服务的要求就更高，随之定价也会更高。

2. 了解市场行情，进行比价

综上所述，影响产品定价的因素有很多。所以在定价之前要了解市场行情进行比价。

速卖通平台的商品价格是比较透明的，卖家可以很轻松地就能了解到竞争对手的售价，汇总出每一个价格段的产品数量进行分析。同时，切记不可盲目参照竞争对手的售价。每一个店铺的盈利目标不一样，定价的策略也不一样，售价不仅应参考其他竞争对手的售价，还要经过自己的考量进行计算。

3. 产品定价

很多卖家会有这样的疑问：影响产品定价的因素明确了，但是这些因素应怎样组合，构成完整的产品价格呢？下面给广大卖家提供一个计算价格的公式：

$$售价 = 产品成本 + 运费 + 利润 + 佣金$$

式中：产品成本 = 产品采购价(生产成本) + 到仓运费(发到货代运费)；运费是国际快递(货代)安排发货的运费；利润 = 售价 × 利润率；佣金 = 售价 × 类目佣金比例 + 运费 × 5%。如果产品不设置包邮(运费由买家来承担)，售价中可以不计入运费。

根据上面的公式，就可以明确地计算出产品的售价(即定价)，这里提到利润率是由卖家主观来制定的，并没有明确的规定。

4. 市场价格调研

根据上述公式计算出价格之后，定价过程并没有完全结束，还要针对该产品的市场进行清晰的了解，了解同类产品的价格分布情况。在平台首页按照产品类目进行筛选或按照产品名进行搜索，就会看到同类产品的定价情况，如图 3-9 所示。

从图 3-9 中可以看到，"Price"这一行显示的首先是价格区间，紧接着是价格区间柱形图。将鼠标移至每一个矩形上，会出现相应百分比说明"有对应百分比的买家购买这个价格范围的产品"。百分比越大，说明这个价格范围内的产品越受买家的欢迎。如果计算出来的产品价格刚好在百分比较大的价格范围之内，那么说明价格是很合理的，易于被广大买家接受；如果价格偏高可以考虑是否进行微调，使其正好处于较大百分比的范围内；如果价格偏低，在保证产品的质量和服务的情况下，可以适当地提高一些价格。

图 3-9　搜索页价格区间图

5．定价小技巧

各大平台上产品的价格都是以数字"9"结尾，比如 9.99、49.99、99.99 等。这时会有一些卖家产生疑惑，认为直接定整数的定价更方便些。其实 99.99 比 100 只少了 0.01，几乎可以忽略不计，但是在买家心理上会认为 99.99 是一个两位数的价格，该产品是比较便宜的，能够接受的，而 100 却是一个三位数，会显得该产品比较贵。

店铺中同一系列的产品在定价时，可以设置不同档次的价格，尝试推出价格高的产品来影响价格低的产品，从而刺激消费，如图 3-10 所示。

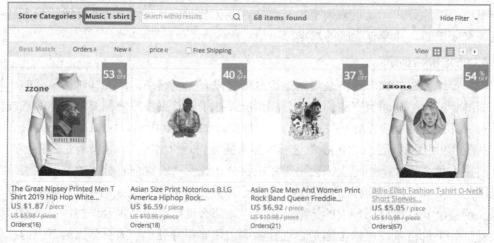

图 3-10　系列产品差别定价

从图 3-10 中可以看到，"Music Tshirt"这一个系列产品的价格有高有低，这样一来，就会促使买家选择心仪价格的产品。

本 章 小 结

本章主要讲述了速卖通店铺选品及定价。产品的选定是要考虑多方面的因素：市场需求、同类在线产品数量等，选品过程是漫长的，却又是必不可少的。产品定价又要依附于产品货源，同时要兼顾市场环境、企业收益、采购成本等多方面的因素，是一个复杂却又必须仔细核算的工作。产品选得好，价格定得合适，才会给运营工作奠定一个好的基础。

课 后 思 考

一、填空题

1. 使用选品专家选品时，选品方向分为_____和_____。
2. 使用选品专家选品时，时间段的选择有_____、_____和_____。
3. 选品专家工具在选择类目之后，出现的产品分类中圆圈越大的表示_____。
4. 寻找货源的方法有_____和_____。
5. 影响产品定价的因素有_____、_____和_____。

二、选择题

1. 下列不属于选品专家筛选维度的是(　　)。
   A. 国家　　　　　B. 热销　　　　　C. 热搜　　　　　D. 成交指数
2. 产品售价包括(　　)。
   A. 机器成本　　　　　　　　B. 买家自付运费
   C. 平台扣点　　　　　　　　D. 同行价格
3. 下列价格为同一款商品的暂定价，推荐采取的定价为(　　)。
   A. 10.01　　　B. 9.99　　　C. 10.09　　　D. 9.89
4. 以下产品可以作为速卖通选品的是(　　)。
   A. 汾酒　　　　　B. 电子烟　　　　　C. 中药　　　　　D. 保健品
5. 下列不属于选品考虑范畴的是(　　)。
   A. 市场趋势　　　B. 价格区间　　　C. 购物时间　　　D. 运输方式

三、能力拓展

1. 根据店铺所选经营大类，分析并最终确定出 3~5 款产品。
2. 分析并确定上述产品的最终售价。

第4章 速卖通产品发布

项目介绍

通过不懈的努力和研究分析，Lucas 和他的团队确定了店铺经营产品的品类，并确定了几款产品(以 shovel 为例)的货源渠道和最终定价，接下来就要进入到产品发布阶段。在产品发布之前，Lucas 和他的团队成员需要了解产品发布所需要的前期准备，最后完成产品发布工作。

本章所涉及任务：

➢ 工作任务一：设置产品基本信息；

➢ 工作任务二：设置价格与库存；

➢ 工作任务三：设置详情描述；

➢ 工作任务四：设置包装与物流；

➢ 工作任务五：设置其他信息。

【知识点】

1. 商品标题；

2. 商品图片；

3. 产品属性；

4. 商品描述；

5. 运费模板。

【技能点】

1. 按照要求撰写标题；

2. 整理并提炼产品主要属性；

3. 制作产品图片和详细描述；

4. 设置运费模板。

4.1 基本信息设置

任务分析

产品发布是一个看似简单却又非常严谨的过程。本节重点介绍产品发布过程中基本信息的设置，基本信息包括商品标题、类目、商品图片、产品视频和产品属性。

任务实施

产品发布过程以"shovel"为例进行实操。

(1) 登录店铺后台，在"商品"下拉选项中选择"发布商品"选项，如图 4-1 所示。

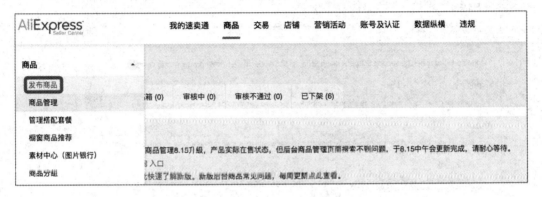

图 4-1 登录后台选择发布商品

(2) 选择发布产品的类目，类目可细化至叶类目(无法再往下选择的类目)，如图 4-2 所示。

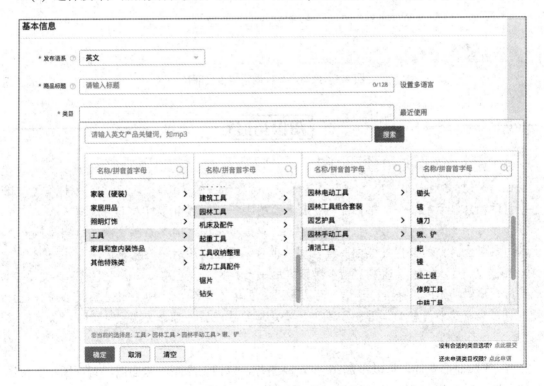

图 4-2 选择产品类目

(3) 类目选择完成后，点击"确定"按钮，进入产品发布页面，撰写产品标题，此处将提供多语言翻译服务，如图 4-3 所示。

图 4-3 撰写产品标题，多语言翻译

━━━━━━━━━━ ◆知识拓展◆ ━━━━━━━━━━

关于标题

1. 在写标题时，至少要写一个英文标题，标题字符数不得超过 128 个字符(超过 128 个字符的，只显示 128 个字符，自动隐藏后面的字符)；不得出现中文汉字；每一个英文单词的首字母要大写(介词、冠词、连词除外)；单词与单词之间需要英文状态的空格隔开；标题中要包含产品的核心关键词、属性词，也可以适当的添加一些流量词。

2. 前文提到过，速卖通是支持多种语言的平台，撰写标题可以同步翻译成为其他语言，如俄语、法语、德语、韩语、日语、西班牙语、土耳其语等共计 17 种语言。同步翻译的好处是可以让以这些语言为母语的买家更加清楚地了解产品，翻译完成之后点击"保存"按钮即可。

(4) 添加商品图片。可以添加 6 张产品图片，包括正面图、侧面图、背面图、实拍图和细节图等；图片大小不得超过 5 MB，图片格式要求为 JPG、JPEG 格式；横向与纵向比例为 1∶1(像素不得低于 800*800)，且所有图片比例保持一致，如图 4-4 所示。产品主体占比建议大于图片布局的 70%，风格统一，不建议添加促销标签或文字；切勿盗取他人图片。

图 4-4　添加商品图片

从图 4-4 中可以看出，上传图片有两种方式：电脑上传和从图片银行选择。电脑上传就是直接把图片从电脑中存储位置添加到产品发布页面；从图片银行选择则是要把图片先传到图片银行(登录后台，"商品"下拉项的"素材中心")，在产品发布时直接从图片银行引用即可。图片银行最大内存为 5 GB，最多存放 1925 张图片。

(5) 上传视频。视频只能从电脑上传，视频时长不得超过 30 秒，大小不得超过 2 GB，视频长宽比应与图片一致，且仅支持 AVI、3GP、MOV 格式，如图 4-5 所示(对不同的类目要求会有差异，具体情况根据所选类目要求制作即可)。

图 4-5　上传视频

(6) 填写产品属性。产品属性，特别是有"*"标志的关键属性是买家选择商品的重要依据。卖家应详细、准确地填写系统推荐属性和自定义属性，提高产品曝光机会。自定义属性的填写可以补充系统属性以外的信息，让买家对产品了解得更加全面。为了确保产品质量，务必正确选择品牌或型号名称。如果没有想要选择的内容，在选择"other"选项后，在文本框内填写正确信息(文本信息必填)，如图 4-6 所示。

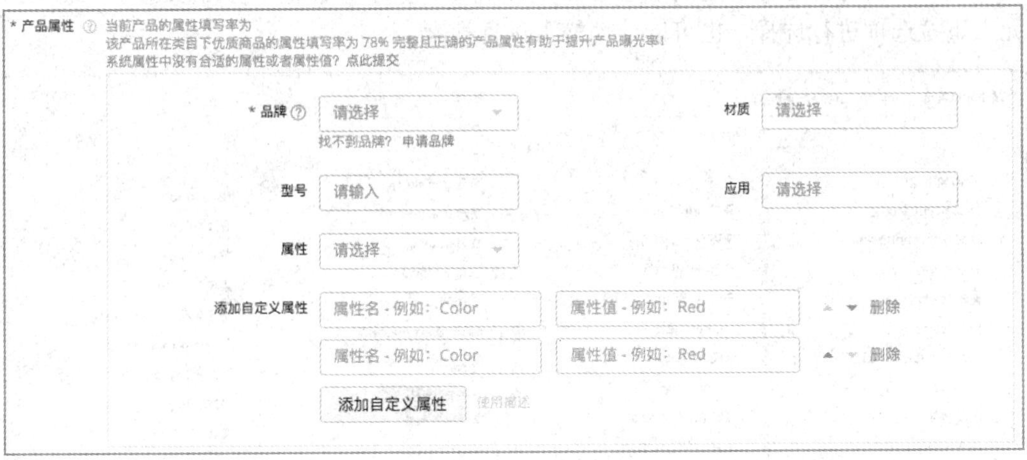

图 4-6　填写产品属性

产品图片要在产品发布前拍摄制作完成，其他基本信息也需要提前了解并整理出来，以确保产品顺利上传。

【案例】

Lucas 在上传产品时发现，前期整理提炼的属性比较多，在既定的属性里面没有他需要展示的内容(接口、颜色、手柄直径以及管壁厚度等)，他应该怎样来展示这些属性信息？

【解析】

1. 每个类目下都有系统既定的属性，发布时如需添加其他属性，可以选择添加自定义属性。

2. 自定义属性添加时应注意数量，最多添加 100 个，一般建议添加 10 个左右。

3. 将需要添加的属性按照属性名在前，属性值在后进行描述，例如需要添加的属性为"红色"，那么填写的属性名为"colour"，属性值为"red"。

4.2 价格与库存设置

任务分析

产品发布的基本信息设置完成之后，进入产品发布的第二个模块——价格与库存的设置。该设置内容包括对最小计量单位、销售方式、颜色、发货地、价格、库存、区间定价以及批发价的设置。

任务实施

1. 最小计量单位

根据产品的特性选择合适的计量单位，如图 4-7 所示。计量单位可以通过"最小计量单元"下拉选项进行选择，也可以手动输入进行搜索。

图 4-7　选择计量单位

2. 销售方式

销售方式只有两种：按件出售和打包出售(即价格按照打包计算)。

3. 颜色

本项为非必填项，如果是单一颜色的产品，可以不选择颜色项。如果同一款产品有不同的颜色分类，可进行颜色项的设置，方便买家进行选择。在颜色选择完成后，需要添加自定义名称(只可使用数字和字母)和分类图片(不得超过 200 KB，支持 JPG、JPEG 格式，可以从电脑上传也可从图片银行选择)，如图 4-8 所示。

图 4-8　颜色设置

4. 发货地

发货地的选择与货源密切相关。新开店的卖家选择"CN"(中国)发货，随着后期发展，入驻海外仓之后可以添加海外仓所在国家为发货地，如图 4-9 所示。

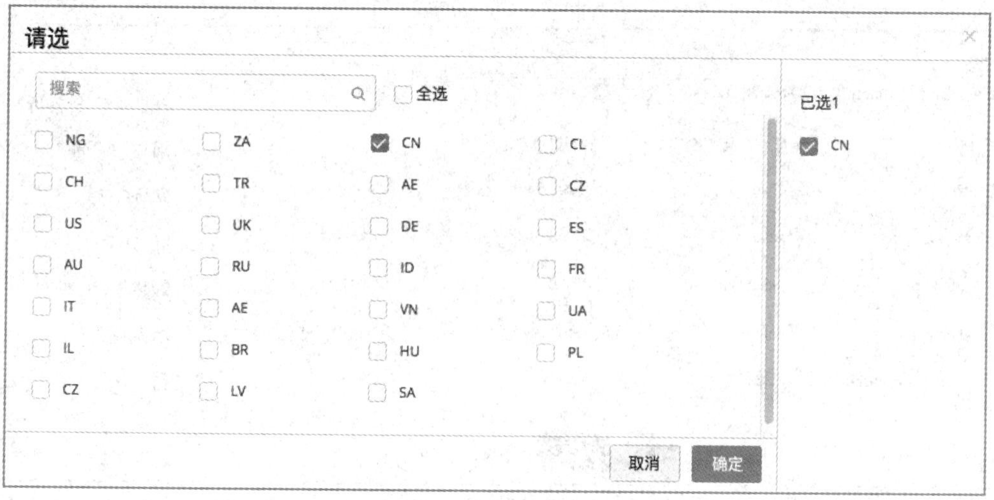

图 4-9　选择发货地

5. 价格和库存

如果颜色或发货地是单个选择，库存和零售价可以直接填写；如果选择了多个颜色和多个发货地，可以针对不同的发货地设置不同的价格和库存。不同发货地的价格以及库存量不一样时，要分别进行填写；不同发货地的价格以及库存一样时，可以选择"批量填充"选项，一键同步设置，如图 4-10 所示。

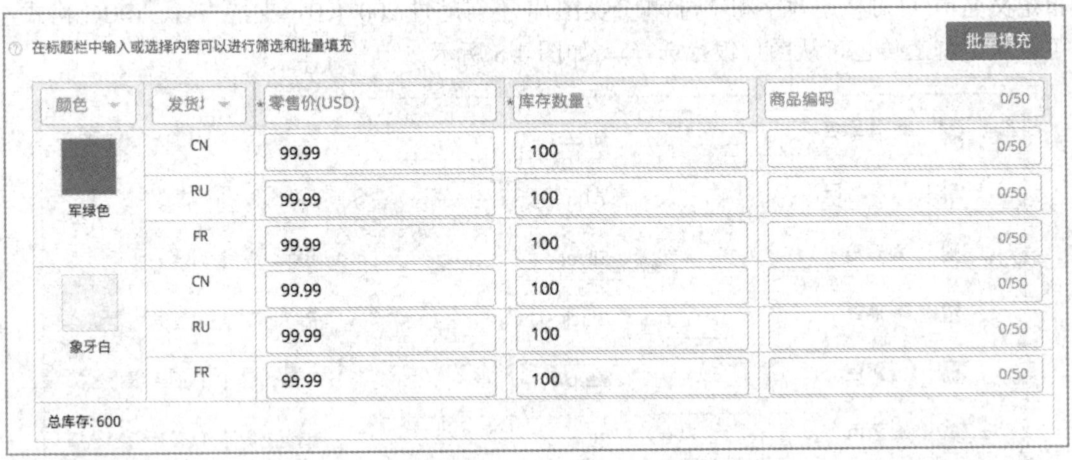

图 4-10　设置价格和库存

6. 区域定价

区域定价是针对收货地而言的，可以针对不同地区的买家设置不同的价格。共有 28 个国家可设置区域定价(如图 4-11 所示)，未设置区域定价的国家按照默认的零售价售卖。调价方式分为：直接报价(直接输入最终售价)、调整比例(在默认售价的基础上提高或降低一定百分比)和调整金额(在默认售价的基础上增加或降低一定的金额)三种方式，如图 4-12 所示。

图 4-11　区域定价的选择

图 4-12　添加方式选择及价格调整

7. 批发价

如果产品支持批发，可以在批发价后面勾选"支持"选项，如果产品不支持批发，此项可以不设置。

【案例】

一款"shovel"有不同的颜色，不同颜色产品的产品成本也都不一样，那么 Lucas 在产品发布过程中应该如何设置呢？

【解析】

1. 对于同款产品不同的颜色，需要添加不同的 SKU，卖家应参照上文关于颜色设置的相关内容进行添加，并对相应的颜色做一个简单的说明，添加对应颜色产品的照片；

2. 不同颜色的产品的定价不一样时，卖家需要参照上文关于价格设置的相关内容分别添加各种颜色的价格并设置好库存；

3. 如需针对不同的国家设置区域价格，卖家应参照上文关于区域定价和相关内容选择想要设置不同价格的国家，选择调价方式进行价格设置即可。

4.3　详情描述设置

任务分析

产品详情描述是买家从点击到购买的关键所在。一个好的详情描述能促使买家产生兴趣，激发需求，赢得信任，最终参与购买，因此产品详情描述要充分展示产品的优点、使用方法、注意事项、卖家服务以及厂家的实力证明等内容，让买家最大限度地了解产品。

任务实施

详情描述设置分为旧版编辑器和新版编辑器两种，下面分别进行说明。

1. 旧版编辑器

(1) 使用代码编辑，点击工具栏中的"</>"按钮，直接输入代码进行详情描述的编辑，如图 4-13 所示。

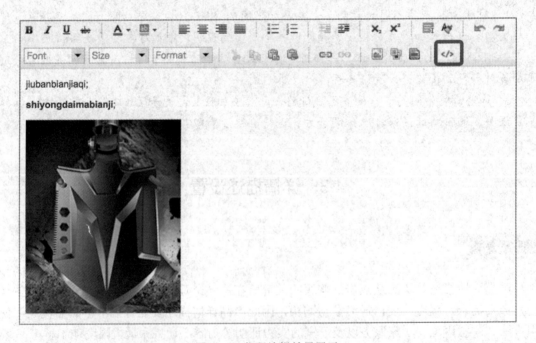

```
<p>
        jiubanbianjiqi;
</p>
<p>
        <b>shiyongdaimabiaoji</b>;
</p>
        <img alt="123" hight=""347"" src="https://ae01.alicdn.com/kf/H3728f28222194c9c96d0707a7d7b86cbE.j
</p>
<p>
        <i>jiandandedaimabianji</i>;
</p>
```

图 4-13　使用代码编辑详情描述

(2) 代码中"<p>""</p>"为换行标签，""""为加粗标签，"<i>""</i>"为倾斜标签，代码编辑后的效果如图 4-14 所示(可以看到设置的效果都会被展示出来)。

jiubanbianjiaqi;

shiyongdaimabianji;

图 4-14　代码编辑效果展示

(3) 除了代码编辑之外，还可以使用图文进行编辑。点击导航栏中的"插入图片按钮"，可以插入图片。每次最多添加 8 张图片，单张图片尺寸不得超过 1000×1500，大小不得超过 5 MB，支持 JPG、JPEG 格式，如图 4-15 所示。

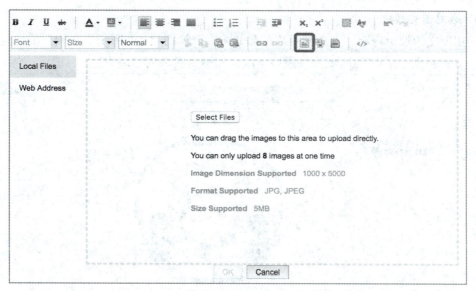

图 4-15　使用插入图片功能编辑详情描述

（4）编辑多语言详描及同步 APP 端。系统会根据 PC 端详情描述翻译成其他语言，在最后需要勾选同步 APP 端，否则 APP 端不会展示详情页，如图 4-16 所示。

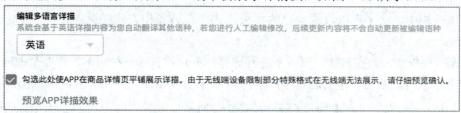

图 4-16　详情描述多语言编辑及同步 APP 端

2．新版编辑器

新版编辑器实现了 PC 端和无线端详情描述的自动同步功能，无需重复编辑，图文分离，更好地实现了多语言翻译。同时，新版编辑器新增视屏模块，可以让买家清晰地了解产品。此外，新版编辑器可以进行模板选择(通用详描模板和自由编辑模板)，如图 4-17 所示。

图 4-17　选择详情描述模板

1) 通用图文模块

通用图文模块由标题、正文和图片三部分构成，如图 4-18 所示。左侧为模块区(可以编辑、复制和删除)；中间区域为效果展示区；右侧为模块内容编辑区

图 4-18　通用图文模块设置

2) 自由编辑模板

在该模块中，卖家可以设置自己的模板样式，具体操作方式同通用详描模板，这里就不再赘述。

卖家可根据个人习惯对新、旧版本进行选择，不论选择哪一种版本，都要全面地去展示产品(外观、尺寸、卖点、使用场景等)以及卖家的服务(售后退换货说明、产品质保说明等)。

【案例】

Lucas 在完成产品基本信息、库存与价格的设置之后，在详情描述板块左右为难，不知该选新版还是旧版编辑器来进行编辑。

【解析】

两种编辑方式在编辑内容要求上有些差别：新版编辑器是按照图文模块进行编辑的，每一个图文模块包含标题、正文、图片(一个模块最多 10 张)以及超链接，需要针对 PC 端和无线端分别进行设置；旧版编辑器则不需要考虑这些问题，卖家可以将做好的图片按照顺序直接上传，需要添加必要的文字说明的可以在图片前后直接编辑，但是编辑完成需要勾选同步 APP，才能保证无线端与 PC 端均能展示详情描述。

4.4　包装与物流设置

任务分析

产品发布的第四部分是包装、物流的设置，共分为发货期、物流重量、物流尺寸、运费模板和服务模板五个方面。

任务实施

1．发货期

发货时间从买家下单付款成功且支付信息审核完成(出现发货按钮)后开始计时。若未在发货期内填写发货信息，系统将关闭订单，货款全额退还买家。建议及时填写发货信息，避免出现货款两失的情况。

注：例如，假定发货期为 3 天，订单在北京时间星期四下午 17:00 支付审核通过(出现"发货"按钮)，则必须在 3 日内填写发货信息(周末、节假日顺延)，即北京时间星期二下午 17:00 前填写发货信息。

2．物流重量

物流重量是指产品最终打包发货时的重量，可以按照"公斤/件"计算，也可以自定义计重，如图 4-19 所示。

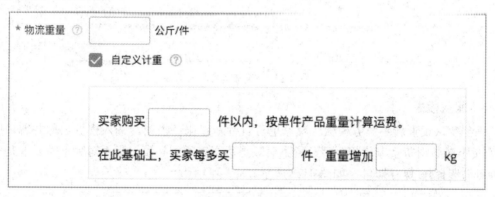

图 4-19　物流重量设置

当完整填写自定义计重的信息后，系统会按照设定来计算总运费，忽略产品包装尺寸。对于体积重量大于实际重量的产品，请谨慎选择填写，可以计算出体积重量后再进行填写。

3．物流尺寸

产品包装发货时的包裹尺寸(长、宽、高)是以 cm 为单位进行计算的，分别输入包裹的长、宽、高之后，系统会计算最后的体积，如图 4-20 所示(图中数据为示例数据)。

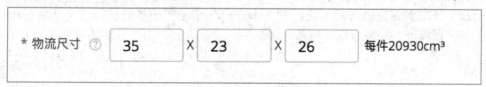

图 4-20　物流尺寸设置

4．运费模板

平台默认设置新手运费模板，系统根据现有物流方式、收货地、货物重量以及运送物品情况，为卖家设置模板。新开店铺的卖家可以选择新手运费模板，如图 4-21 所示。

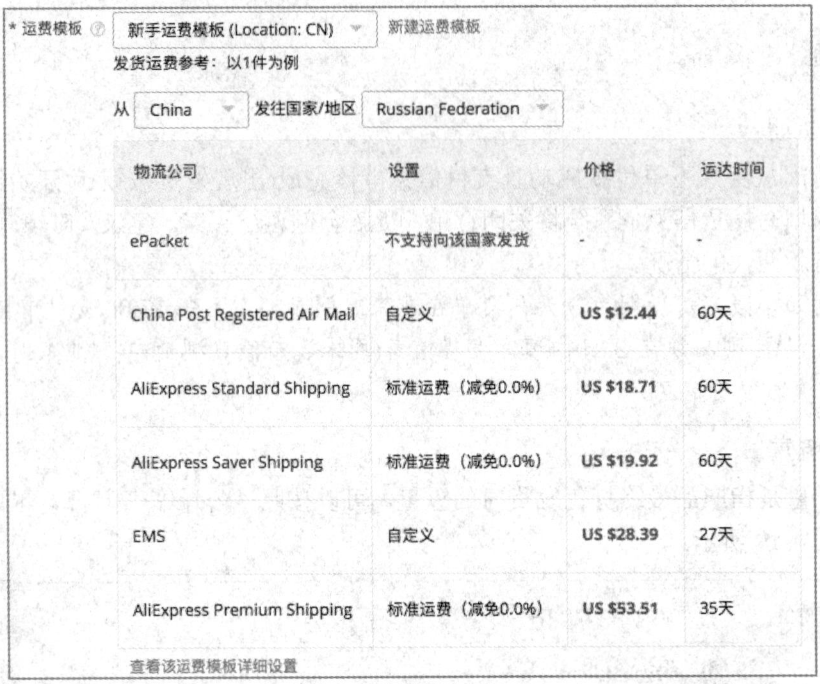

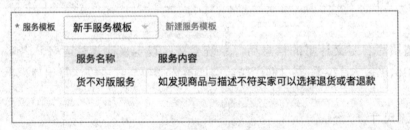

图 4-21 选择运费模板

5. 服务模板

平台默认设置新手服务模板，卖家也可自行新建服务模板，输入模板名称并编辑服务内容(货不对版退货卖家承担运费、货不对版退货买家承担运费、货不对版不需要退货三种内容可供选择)后保存即可，如图 4-22 所示。

图 4-22 设置服务模板

【案例】

Lucas 在设置运费模板时发现，平台给出的新手运费模板没有设置商业快递(DHL、FedEx、TNT、UPS 等)的运费，他想要添加这些快递方式，应该如何去设置运费呢？

【解析】

1. 运费模板设置路径：登陆店铺后台→商品→物流模板→Shipping Cost Template for New Sellers。
2. 点击运费模板后面的"编辑"按钮，进入运费列表页面。
3. 找到对应的商业快递，在其前面的框中勾选进行选择，之后选择运费收取方式。
4. 设置完所有想要设置的物流方式之后，点击"保存"按钮即可。

4.5　其他信息设置

任务分析

产品发布的第五部分是其他信息设置，共分为商品分组、库存扣减方式、支付宝和商品发布条款四个方面。

任务实施

1. 商品分组

产品分组能帮助买家快速查找商品，也能方便卖家管理商品。卖家可以根据需要设置多个产品组，将同类产品放在　个产品组内。

2. 库存扣减方式

库存扣减方式有以下两种：

(1) 下单减库存。买家拍下商品后即锁定库存，付款成功后进行库存的实际扣减，如超时未付款则释放锁定库存。该方式可避免超卖(当商品库存接近 0 时，如多个买家同时付款，可能会出现"超卖缺货")的情况发生，但是存在被恶拍(即恶意将商品库存全部拍完)的风险。

(2) 付款减库存。买家拍下商品且完成付款后扣减库存。该方式可避免商品被恶拍，但是存在超卖风险。

3. 支付宝

通过全球速卖通交易平台进行的交易必须统一使用规定的收款方式——支付宝担保服务，发布产品时即默认选择。

4. 商品发布条款

商品发布前，卖家需要阅读并同意平台相关条款：《阿里巴巴中国用户交易服务协议》《支付宝付款服务协议》以及《速卖通平台放款政策特别约定》等。

其他信息设置的具体详情如图 4-23 所示。

图 4-23　其他信息设置

所有信息设置完成之后，卖家就可以提交发布，产品发布后平台会进行审核，一般会在 2 小时内完成审核。如果产品信息不能及时补充完整，卖家可以选择"保存"选项，将产品信息存为草稿，供后续补充编辑。

本 章 小 结

本章主要讲述了速卖通店铺产品发布。在发布之前，卖家需要提前准备好产品的图片、标题以及详情描述，核算出产品的售价、活动价，确定产品的利润空间。前期准备完成后，卖家再按照发布流程来完善各部分的详细信息，这样才能够省事又顺利地完成产品的发布。

课 后 思 考

一、填空题

1. 产品标题要求不得超过_____个字符，对每个词的要求是_____。
2. 产品图片不得超过_____张，尺寸要求是_____，图片格式要求为_____。
3. 自定义属性的要求是_____。
4. 区域定价的调价方式有_____、_____和_____。
5. 产品详情描述的编辑方式有_____和_____。

二、选择题

1. 以下不属于产品标题可使用的语言形式的是(   )。
   A. 俄语　　　　B. 波兰语　　　　C. 土耳其语　　　D. 孟加拉语
2. 产品标题中"hello"翻译成俄语是(   )个字符。
   A. 5　　　　　B. 8　　　　　　C. 12　　　　　D. 15
3. 在产品颜色分类中，上传的对应颜色的产品图片大小是(   )。
   A. 2 MB　　　B. 200 KB　　　C. 20 KB　　　D. 200 B
4. 区域定价是针对(   )进行价格调整的。
   A. 人群　　　　B. 国家　　　　C. 地区　　　　D. 种族
5. 下列不属于产品发布必填项的是(   )。
   A. 标题　　　　B. 图片　　　　C. 库存　　　　D. 分组

三、能力拓展

按照产品发布流程，将上一章选出来的产品发布信息(即第 3 章选品专家筛选出来的产品信息)进行整理并进行发布。

第 5 章　速卖通自主营销

项目介绍

在店铺中发布产品之后，Lucas 和他的团队发现店铺的访客点击率较低。Lucas 不知为何会出现这样的境况，于是他请教了他的朋友 David。David 在看完 Lucas 店铺的产品后，告诉他可以尝试给其中几款产品设置折扣，然后对比设置过产品折扣的产品的数据变化。Lucas 找到了问题的所在，他和他的团队开始针对店铺已发布的产品进行促销活动策划，经过一段时间的尝试，店铺的访客点击率有了明显的提升。

店铺自主营销的方式有多种，每一种营销方式都可带来不一样的效果，本章将介绍几种常用的店铺营销工具。

本章所涉及任务：

➤ 工作任务一：设置单品折扣活动；

➤ 工作任务二：设置店铺满减活动；

➤ 工作任务三：设置店铺优惠券；

➤ 工作任务四：设置搭配活动。

【知识点】

1. 单品折扣；
2. 满减活动；
3. 店铺优惠券；
4. 搭配活动；
5. 优惠计算顺序。

【技能点】

1. 利用单品打折工具提升商品成交转化；
2. 利用满减活动提升店铺的客单价；
3. 利用店铺优惠券有效引流，刺激买家拼单，提升曝光率和店铺销售额；
4. 利用搭配活动进行关联推荐销售，提高买家的购买欲望。

5.1　单品折扣活动设置

任务分析

单品折扣活动是针对店铺中的产品进行单独的折扣设置。卖家可以针对店铺的不同产品设置不同的折扣和限购数量。

任务实施

(1) 登录店铺后台(卖家中心)，在"营销活动"的下拉选项中选择"店铺活动"选项，可以看到所有的店铺活动，在"单品折扣"活动入口点击"创建"按钮，如图 5-1 所示。

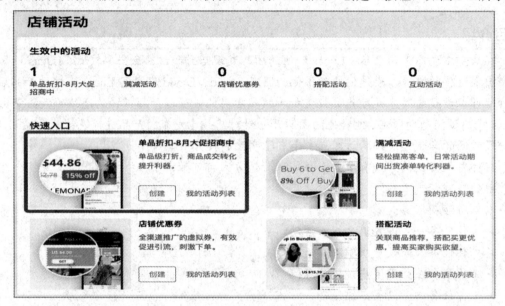

图 5-1　单品活动折扣入口

(2) 如图 5-2 所示，设置活动名称(不得超过 32 个字符)和活动起止时间(以美国太平洋时间为准)，设置完成后点击"提交"按钮。

图 5-2　设置活动名称和活动起止时间

注：大促活动时间和名称一旦设置，无法修改。

(3) 设置优惠信息。优惠信息的设置分为三种形式：选择商品、按营销分组设置折扣和批量导入，如图 5-3 所示。

图 5-3　设置优惠信息

注：

a. 选择商品时，每次最多可选择 100 款。

b. 批量导入时，文件最多可包含 30 000 个商品，如多次提交失败，可适当减少商品。

其中 Product ID 和 Discount 为必需项，其余皆为选填项。Store Fans 是指额外设置粉丝价，Fresh Member 是指额外设置新人价，二者只能选一设置。

(4) 设置折扣分为全站折扣(必填)和手机专享折扣(选填)两种。手机专享折扣力度要超过全站折扣，填写完成后即可点击"提交"按钮，如图 5-4 所示。

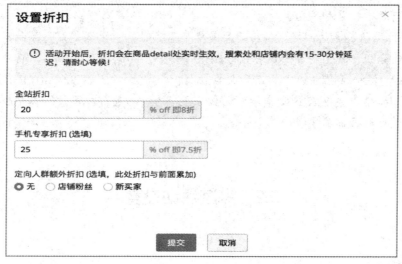

图 5-4　设置折扣

注： 填入的百分比数字是卖家设置的折扣数，而不是最终产品显示的折扣价。例如，产品售价要打 8 折，那么填入的数字应该是 20。填写折扣数时要注意"%"后面是否有"off"，全站折扣设置为 5～99 之间的整数。

(5) 折扣设置完成后，如果需要设置"每人限购"数量，可以填入限购的数量，如果没有限购要求则可以不填写，然后点击"保存并返回"按钮，活动便设置完成。活动展示效果如图 5-5 所示。

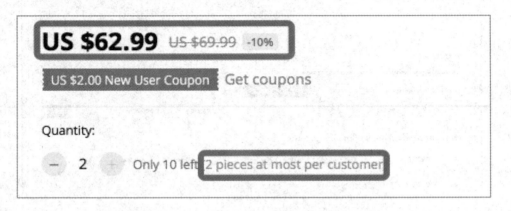

图 5-5　单品折扣效果展示

【案例】

Lucas 想要为店铺新上架的一款 "shovel" 设置单品折扣，请问在设置前他应该考虑哪些问题？

【解析】

1. 单品折扣活动需要设置的内容包括活动名称(仅卖家可见)、活动时间(以美国太平洋时间为准，秋冬季比北京时间慢 16 个小时，夏令时间比北京慢 15 个小时)以及参加活动的每个产品对应的折扣率和限购数量。

2. 需要注意折扣率的问题，活动产品是单个商品时只需要考虑该产品的折扣率，如果选择的是营销分组，就需要考虑该营销分组内每一个产品的折扣率，综合确定该营销分组的折扣率(例如，某一营销分组中各产品及其最大折扣率为 A 产品 20% off，B 产品 15% off，C 产品 18% off，D 产品 25% off，若要对该组设置折扣率，则折扣率最好不要超过 15% off，以确保组内所有产品都不亏损)。

5.2　满减活动设置

任务分析

满减活动是针对店铺中的产品设置批量促销活动。满减活动包括满立减、满件折和满包邮三种活动类型。满立减和满件折最多可以设置 3 个梯度，满包邮不分梯度，可以按照购买件数和订单总金额两种形式设置。

任务实施

(1) 登录店铺后台(卖家中心)，在"营销活动"的下拉选项中选择"店铺活动"选项，可以看到所有的店铺活动，在"满减活动"入口点击"创建"按钮，如图 5-6 所示。

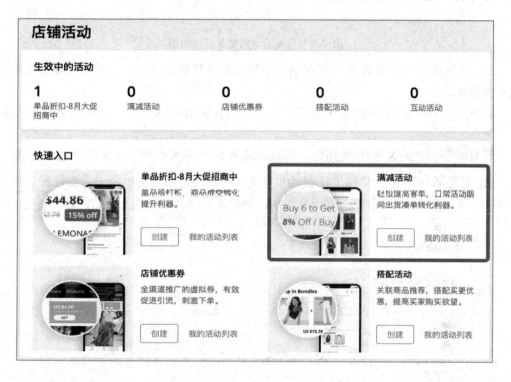

图 5-6　满减活动入口

(2) 如图 5-7 所示，设置活动名称(不得超过 32 个字符)和活动起止时间(以美国太平洋时间为准)，设置完成后点击"提交"按钮即可。

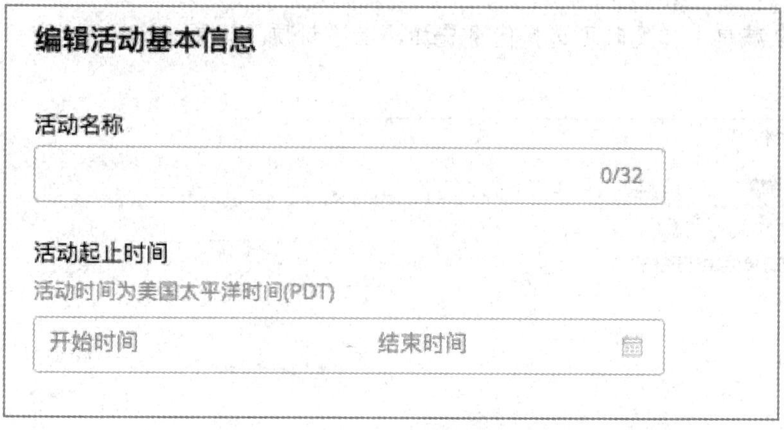

图 5-7　设置活动名称和活动起止时间

(3) 选择活动类型和活动使用范围，如图 5-8 所示。

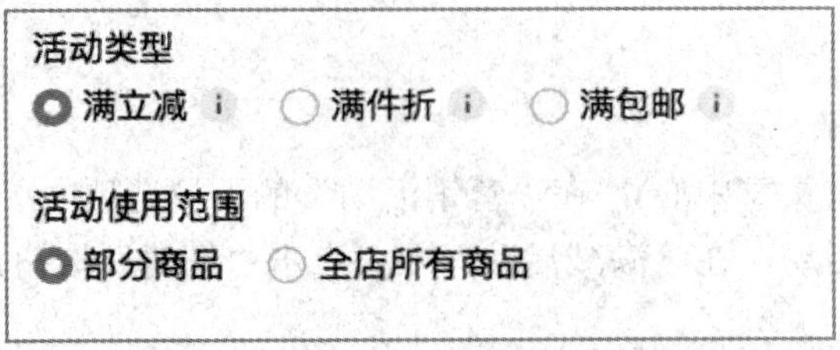

图 5-8　设置活动类型及使用范围

注：满立减——"满 X 元优惠 Y 元"，即订单总额满足 X 元，买家付款时则可享受 Y 元优惠扣减；

满件折——"满 X 件优惠 Y 折"，即订单总商品满足 X 件数，买家付款时则可享 Y 折优惠；

满包邮——"满 X 元/件包邮"，即订单满足 X 元或 X 件时，买家可享包邮优惠。

(4) 设置活动详情(活动梯度)，活动默认为 1 个梯度，卖家可以根据需要设置多个梯度(最多 3 个)。满立减活动详情如图 5-9 所示，满件折活动详情如图 5-10 所示。

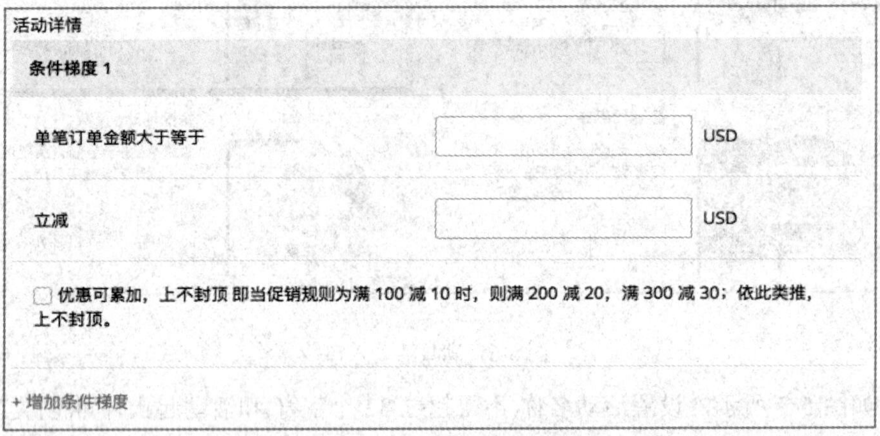

图 5-9　满立减活动详情

注：满立减单个梯度时可选择优惠叠加，上不封顶。设置多个梯度时，则不能选择优惠叠加。

图 5-10　满件折活动详情

(5) 设置满包邮需要选择包邮条件(单笔订单金额或件数),选择完成后需要填写合适的数字,选择要设置包邮的国家和对应的物流方式,如图 5-11 所示。

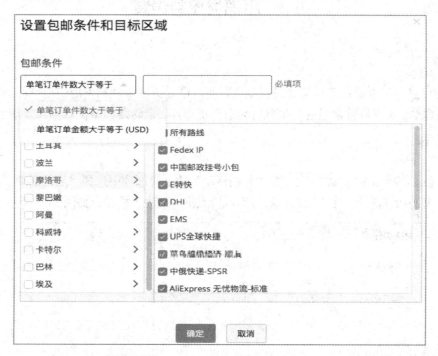

图 5-11 满包邮活动设置

注:可设置包邮的国家有:美国、俄罗斯、意大利、德国、荷兰、法国、西班牙、以色列、葡萄牙、土耳其、波兰、摩洛哥、黎巴嫩、阿曼、卡特尔、埃及、科威特和巴林。

(6) 活动详情设置完成后应选择产品。如果在之前活动使用范围选择的是"全店所有商品"选项,这一步便无须设置。如果选的是"部分商品"选项,则需要在此步选择店铺的产品,至此满减活动便设置完成。

【案例】

Lucas 在速卖通店铺上架的产品"shovel"是针对俄罗斯地区顾客的,通过前期的成本核算,该产品可以设置包邮,请问 Lucas 该如何设置呢?

【解析】

包邮的设置方法有两种:可以通过运费模板设置运费,也可以通过"满包邮"活动设置运费。

1. 通过运费模板设置运费时,需要针对该产品重新创建一个运费模板,单独给俄罗斯设置卖家承担运费,其他国家运费正常。运费模板设置完成之后,需要在这一款产品的信息编辑页面更换运费模板。

2. 设置满包邮活动时,按照路径"营销活动"→"店铺活动"→"满减活动"→"创建活动",在活动类型下选择"满包邮"选项,活动适用范围选择"部分商品"选项,包邮条件设置金额不得高于该产品的售价,目标区域选择俄罗斯。活动创建完成之后,添加商品(仅选择该产品)即可。

5.3 店铺优惠券设置

任务分析

　　店铺优惠券可以通过多种渠道进行推广，通过设置优惠金额和使用门槛可以刺激买家消费，提高客单。卖家日常常用的优惠券有领取型优惠券、定向发放型优惠券和互动型优惠券。

任务实施

　　(1) 登录店铺后台(卖家中心)，在"营销活动"的下拉选项中选择"店铺活动"选项，可以看到所有的店铺活动，在"店铺优惠券"入口点击"创建"按钮，如图5-12所示。

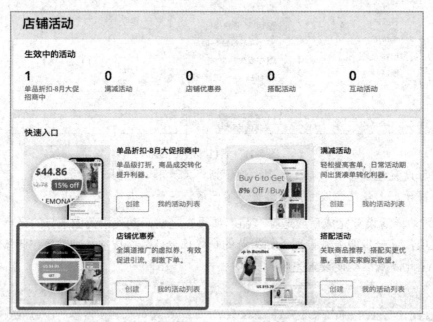

图 5-12　店铺优惠券活动入口

　　(2) 编辑活动基本信息：选择优惠券类型(领取型、定向发放型和互动型)，设置活动名称(不超过 32 个字符)和活动时间，如图5-13所示。

　　注：

　　① 领取型优惠券：由卖家设置，买家自行领取使用。

　　② 定向型优惠券：由卖家设置，卖家发放给买家使用，发放形式有直接发放和二维码发放两种。

　　③ 互动型优惠券：分为金币兑换、秒抢和聚人气三种类型。

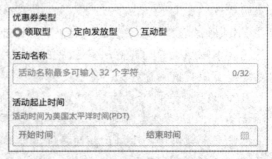

图 5-13　编辑活动基本信息

(3) 领取型优惠券详细内容设置：用户使用范围(不限、钻石、铂金及以上、金牌及以上、银牌及以上)，商品适用范围(全部或部分商品)，优惠券面额(最大 9999999 美金)，订单金额门槛(有最低金额或不限)以及发放总数(最多 9999999 张)，如图 5-14 所示。

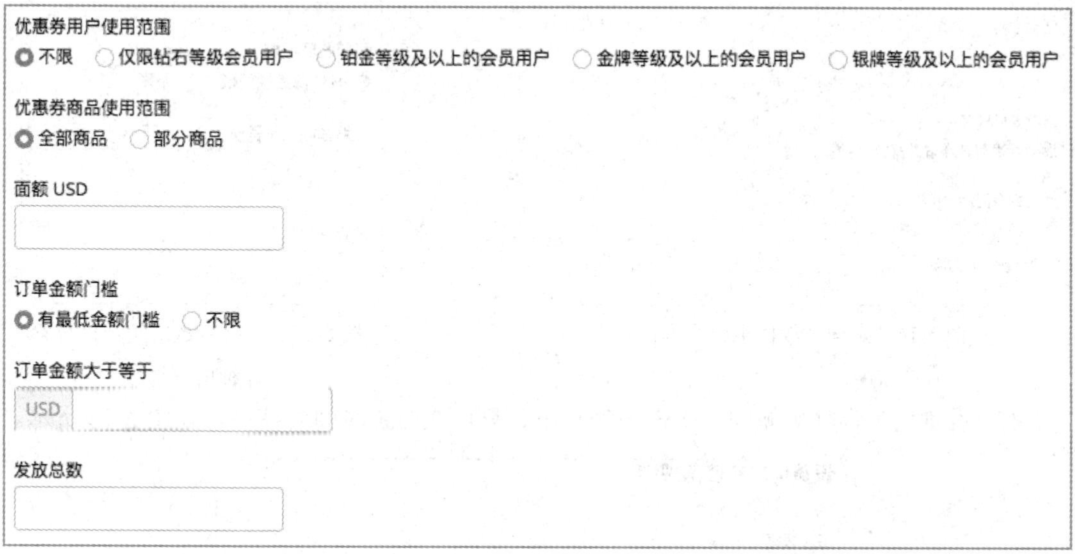

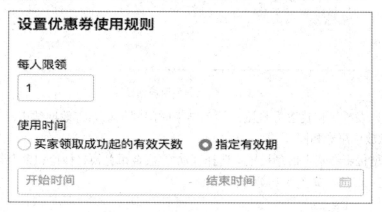

图 5-14　优惠券详细内容设置

(4) 设置优惠券使用规则：每人限领数量及使用时间，如图 5-15 所示。

图 5-15　优惠券使用规则设置

注：

① 领取数量为 1～5 张；

② 使用时间可选择卖家领取成功起的有效天数(3～99 天)和指定时间(使用起始时间不能早于领取开始时间)两种。

(5) 定向发放型优惠券基本信息设置：选择发放方式，设置活动名称和活动结束时间(活动设置完成即刻生效，因此无须设置开始时间)，如图 5-16 所示。

(6) 直接发放的定向优惠券详细内容设置：选择优惠券商品适用范围，设置优惠券面额、订单金额门槛和发放总数，如图 5-17 所示。

图 5-16 定向发放优惠券基本信息设置	图 5-17 直接发放的定向优惠券 详细内容设置

(7) 设置优惠券使用规则：每人限领一张、只可在指定时间内使用，如图 5-18 所示。

设置优惠券使用规则

每人限领

`1`

使用时间

○ 买家领取成功起的有效天数　● 指定有效期

`开始时间` — `结束时间` 📅

图 5-18 优惠券使用规则设置

(8) 二维码发放定向优惠券规则：活动结束时间同优惠券有效期结束时间一致，其他设置同直接发放优惠券相同。

(9) 互动型优惠券基本信息设置：选择互动类型(金币兑换、秒抢和聚人气)，设置活动名称和活动起止时间，如图 5-19 所示。

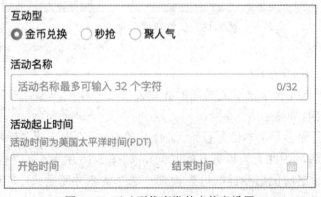

互动型

● 金币兑换　○ 秒抢　○ 聚人气

活动名称

`活动名称最多可输入 32 个字符`　　　0/32

活动起止时间

活动时间为美国太平洋时间(PDT)

`开始时间` — `结束时间` 📅

图 5-19 互动型优惠券基本信息设置

(10) 金币兑换优惠券详细内容设置：商品试用范围默认全店商品(不可选择)，设置优惠券面额、订单金额门槛(不得高于优惠券面额的 3 倍)和发放总数(50～99999 的整数)，如图 5-20 所示。

(11) 金币兑换优惠券使用规则设置：设置每人限领数量(1～5 的整数)、使用时间(默认为买家领取成功起的有效天数，即 3～99 的整数天)，如图 5-21 所示。

图 5-20　金币兑换优惠券详细内容设置

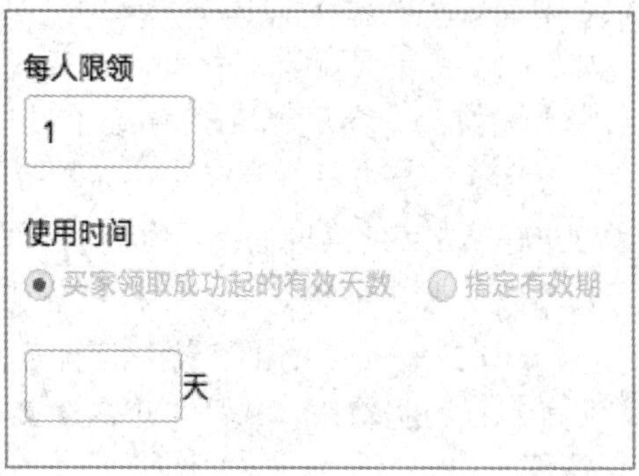

图 5-21　金币兑换优惠券使用规则设置

(12) 秒抢优惠券基本信息设置：设置活动名称和活动开始时间(仅需设置开始时间即可，结束时间为活动开始 2 小时后)，如图 5-22 所示。

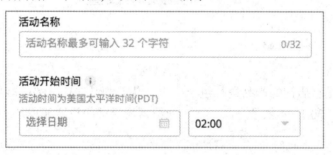

图 5-22　秒抢优惠券基本信息设置

(13) 秒抢优惠券详细内容设置：商品使用范围默认为全部商品，设置优惠券面额(5～1000)，订单金额门槛不限，设置发放总数(50～99999)，如图 5-23 所示。

(14) 秒抢优惠券使用规则设置：每人限领 1 张，使用时间设置为制定的有限期，如图 5-24 所示。

图 5-23　秒抢优惠券详细内容设置

图 5-24　秒抢优惠券使用规则设置

(15) 聚人气优惠券除了可以灵活地设置活动起止时间，其他设置与秒抢优惠券一致，这里不再赘述。

·知识拓展·

1. 领取型优惠券是使用较为普遍的、可以针对所有买家设置的优惠券。
2. 发放型优惠券只能发放给和店铺有过交易、把商品加到购物车或 Wish List 的买家。
3. 金币兑换优惠券用于 APP 端金币频道，买家可以使用账户内的金币来兑换。
4. 秒抢优惠券会在平台活动中不定时获得曝光，活动开始时间为美国时间 2:00、8:00、14:00 和 20:00，活动结束时间为开始时间后的 2 个小时。
5. 聚人气优惠券同样不会在店铺中呈现，而是在平台活动中不定时获得曝光，买家通过相互分享，让其他人帮忙领取聚人气优惠券的形式。
6. 卖家可以根据需求，选择相应的优惠券类型进行设置，以便获得更高的曝光度和转化率。

5.4 搭配活动设置

任务分析

搭配活动就是将店铺的产品进行组合销售，从而刺激转化，提高客单价。套餐搭配中有一款主产品，搭配 1~4 款子产品。下面介绍搭配活动的设置流程及注意事项。

任务实施

(1) 登录店铺后台(卖家中心)，在"营销活动"的下拉选项中选择"店铺活动"选项，可以看到所有的店铺活动，在"搭配活动"入口点击"创建"按钮，如图 5-25 所示。

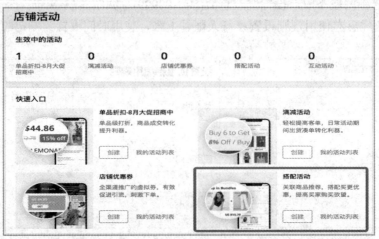

图 5-25 搭配活动入口

(2) 点击"创建搭配套餐"按钮，如图 5-26 所示。

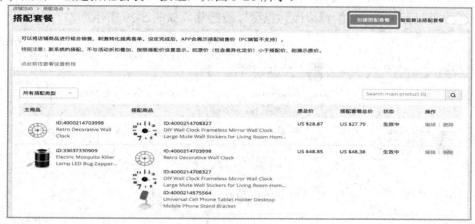

图 5-26　创建搭配套餐

(3) 选择 1 个主商品和 1～4 个子商品，同时设置搭配价。一个商品最多可作为主商品在 3 个搭配套餐中，最多可作为子商品在 100 个搭配套餐中。选择主商品并设置搭配价的界面如图 5-27 所示。

图 5-27　选择主商品并设置搭配价

注:
① 设置搭配价时可以批量设置或单个进行设置，搭配价不可大于商品原价。
② 可以删除已选的商品，重新进行商品选择。
③ 可以通过前移、后移子商品进行子商品的顺序移动，确认在对消费者展示时的子商品搭配顺序。

(4) 选择子商品并设置搭配价，如图 5-28 所示。

图 5-28　选择子商品并设置搭配价格

注: 子商品的设置要求同主商品。

主商品和子商品设置完成后，点击"创建搭配套餐"按钮，即可成功创建搭配套餐。创建成功的搭配套餐可以被编辑修改，也可以被删除，如图 5-29 所示。

图 5-29　编辑、删除搭配套餐

(5) 在图 5-26 所示界面中，点击"智能算法搭配套餐"按钮，弹出的对话框如图 5-30 所示。

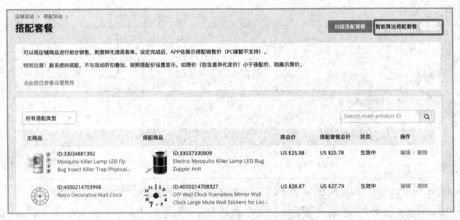

图 5-30　智能算法搭配套餐

(6) 确认开启智能算法搭配套餐，如图 5-31 所示。系统每天会帮助卖家创建根据算法推荐的搭配套餐，套餐价为商品原价，卖家可以删除或编辑算法搭配套餐。如果不需要智能算法搭配套餐，则不开启开关，后续不会再生成新的算法创建搭配套餐。

图 5-31　确认开启智能算法搭配套餐

注：智能算法每天最多创建 15 个搭配套餐，并自动查询店铺是否有适合的、新的搭配套餐生成。

每个账户最多创建 15 个搭配套餐，搭配套餐目前只在 APP 端产品详情页进行展示，PC 端不展示。

本 章 小 结

本章主要讲述了速卖通店铺自主营销活动：单品折扣活动、满减活动、店铺优惠券活动和搭配活动。通过不同的活动吸引更多的买家，增加店铺的人气，提高店铺和产品的曝光率以及转化率。

店铺活动优惠扣减顺序：单品折扣→店铺满减优惠(先满件折再满立减)→店铺优惠券→购物券。

课 后 思 考

一、填空题

1. 在单品折扣活动中添加产品的方式有_____、_____和_____。
2. 设置店铺活动时，活动名称要求是_____。
3. 店铺活动设置的时间以_____为准。
4. 满减活动类型包括_____、_____和_____。
5. 店铺优惠券活动类型包括_____、_____、_____、_____和_____。

二、选择题

1. 在单品折扣活动中添加商品每次可添加(　　)。
   A. 50　　　　　　B. 100　　　　　　C. 150　　　　　　D. 200
2. 以下不属于"满 200 减 20"活动优惠叠加的是(　　)。
   A. "满 300 减 30"　　　　　　B. "满 400 减 40"
   C. "满 600 减 60"　　　　　　D. "满 800 减 80"
3. 下列关于满件折活动"满 2 件打九折"正确的是(　　)。
   A. 满 3 件打八五折　　　　　　B. 满 4 件打八折
   C. 满 5 件打九折　　　　　　D. 满 9 件打二折
4. 下列关于优惠券的说法错误的是(　　)。
   A. 优惠券活动数量不限　　　　　　B. 所有优惠券都可以被买家领取
   C. 优惠券可以在活动开始以后领取　　D. 优惠券只能在有效时间内使用
5. 一个搭配套餐中最多可添加(　　)件产品。
   A. 1　　　　　　B. 2　　　　　　C. 4　　　　　　D. 5

三、能力拓展

为店铺发布的产品制定不同的店铺活动并说明定制理由。

第 6 章　速卖通平台活动

项目介绍

在创建店铺活动之后，店铺的流量和访客逐渐增加，也开始有了一些订单。尽管一切都在往好的方向发展，但是离制定的目标的差距仍比较大，如何快速地增加店铺的收入，又让 Lucas 犯难了。正当 Lucas 看着后台发愁的时候，他收到了一条系统的消息，信息内容是关于平台活动 Flash Deals(速卖通平台一种限时的爆款促销)活动调整的公告。看过公告之后，Lucas 针对店铺的发展有了一个新的想法，召集组内的其他同事一起开始讨论……

速卖通平台是一个多元化的平台，为了帮助卖家获得更多的曝光机会，平台发起了多种活动供卖家进行选择。卖家可以根据店铺的经营状况，报名参与不同类型的活动。

本章所涉及任务：

➢ 工作任务一：报名 Flash Deals 活动；

➢ 工作任务二：报名金币频道活动；

➢ 工作任务三：报名试用频道活动。

【知识点】

1．Flash Deals 活动；

2．金币频道活动；

3．试用频道活动。

【技能点】

1．能够熟知各个活动的报名要求；

2．能够根据活动的要求，选择合适的活动报名参加；

3．未能参与活动时，能够准确地找到不合格指标并提出改进的方法。

6.1　Flash Deals 活动报名

任务分析

Flash Deals 活动是平台发起的帮助卖家打造爆款的活动，是可以在 PC 端和无线端同时展示的活动。一方面，它可以帮助店铺打造爆品，另一方面，已有的爆品也可以通过 Flash

Deals 让更多的消费者有机会认识和体验到商品的品质和服务能力。本节将详细介绍 Flash Deals 活动报名要求及注意事项。

报名条件

1．店铺条件

卖家店铺必须同时符合以下条件方可报名：

(1) 店铺不存在其他诚信经营方面的问题或任何损害消费者权益的行为。店铺因违反《全球速卖通违规及处罚规则》出现以下情形的，将被限制参加营销活动：

① 知识产权严重侵权 2 次及以上。

② 禁限售单独违规 18 分及以上。

③ 禁限售及知识产权一般违规合计 24 分及以上。

④ 严重炒信 12 分及以上。

⑤ 交易违规处罚期内，如成交不卖、虚假发货、提价销售或违背承诺被限制参加营销活动。

(2) 卖家须符合好评要求：店铺近 90 天好评率≥95%。

2．商品条件

报名商品必须同时符合以下条件方可报名：

(1) 报名商品的报名价需要满足《全球速卖通平台营销活动最低价规则》。

(2) 每次活动类目折扣要求不同，商品报名时还需满足对应类目的折扣要求。

(3) 报名商品须满足一定的销量要求，具体要求如下：

① Flash Deals：报名商品在报名前 30 天销量≥30 件。

② 俄罗斯团购：报名商品在报名前 30 天俄语系销量≥4 件。

(4) 指标要求：DSR 商品描述得分≥4.5 分，DSR 物流服务得分≥4.5 分。

(5) 包邮要求如下：

① Flash Deals 必须包邮国家：俄罗斯、乌克兰、白俄罗斯、波兰、美国、西班牙和法国，其他国家可自行选择。

② 俄罗斯团购必须包邮国家：俄罗斯、乌克兰和白俄罗斯。

(6) 发货时间要求如下：

① Flash Deals 商品发货时效为 5 天内(以买家是否能在网上看到发货单号信息为准判断是否发货)。

② 俄罗斯团购商品发货时效为 7 天内。

(7) 库存要求：报名商品最低价 SKU 的备货量≥100 件。

3．审核时间

针对所有的报名商品，每周周一至周四完成上周报名商品的审核。

4．支付时间

Flash Deals 支付时间为下单后 1 天内，俄罗斯团购支付时间为下单后 360 分钟内。

5. 排期疲劳度管控

为了保障商品的丰富度，每个商品 30 天内最多报名 2 次，报名次数包括 Flash Deals 或俄罗斯团购次数，即若前 14 天已经报名 Flash Deals，则后 14 天只能有一次机会报名 Flash Deals 或俄罗斯团购。

6. 展示时间

报名 Flash Deals 子活动的商品被审核通过后，会在 Flash Deals 频道及俄罗斯团购频道同步展示 48 小时。

报名俄罗斯团购子活动的商品被审核通过后，会在俄罗斯团购频道展示 5 天(每周一、周三、周五更新，每场活动商品展示 5 天)。在俄文站站点下只有俄罗斯团购频道，无 Flash Deals 频道。

任务实施

(1) 登录"卖家中心"(店铺后台)，在"营销活动"的下拉项中选择"平台活动"选项，点击 Flash Deals 下方的"立即报名"按钮，如图 6-1 所示。

图 6-1　Flash Deals 活动报名入口

(2) 在活动列表中选择可以报名的活动后，点击"立即报名"按钮，如图 6-2 所示。

图 6-2　查看活动列表

(3) 查看活动详细要求后，点击“立即报名活动”按钮，如图 6-3 所示。

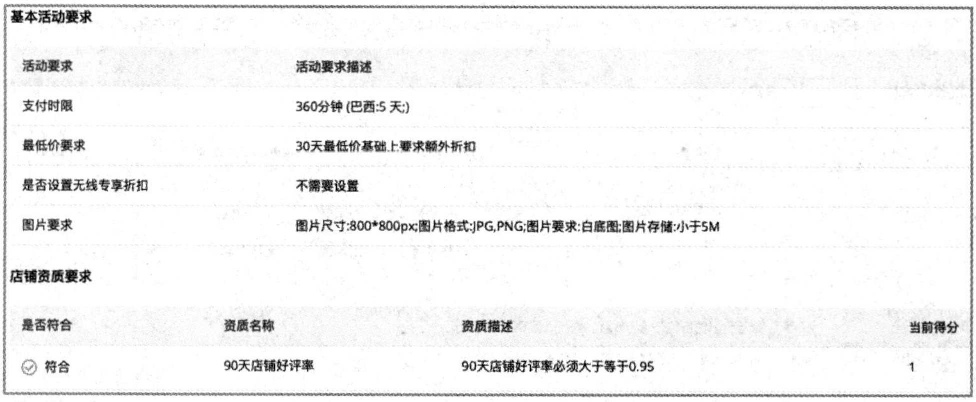

基本活动要求

活动要求	活动要求描述
支付时限	360分钟 (巴西:5 天;)
最低价要求	30天最低价基础上要求额外折扣
是否设置无线专享折扣	不需要设置
图片要求	图片尺寸:800*800px;图片格式:JPG,PNG;图片要求:白底图;图片存储:小于5M

店铺资质要求

是否符合	资质名称	资质描述	当前得分
符合	90天店铺好评率	90天店铺好评率必须大于等于0.95	1

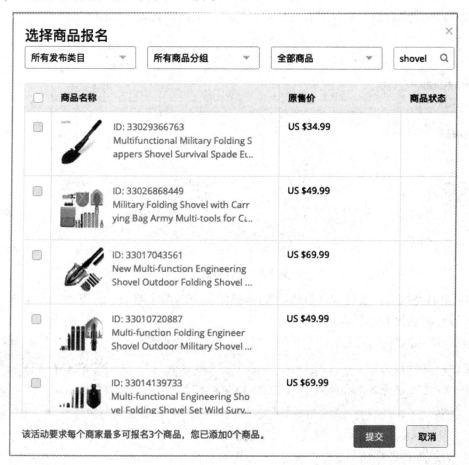

图 6-3　查看活动要求并报名

(4) 选择报名活动产品，如图 6-4 所示。

图 6-4　选择活动产品

(5) 设置活动折扣(活动折扣分为全站折扣和无线折扣两种，不同类目最低折扣的要求不一样)及库存(不得少于活动要求库存量)后，点击“提交”按钮，如图 6-5 所示。

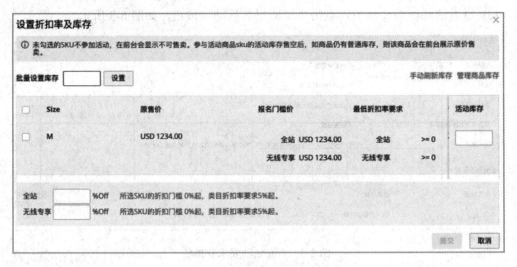

图 6-5　设置折扣及库存

(6) 报名提交之后，可以查看已经报名的产品及活动设置，如图 6-6 所示。

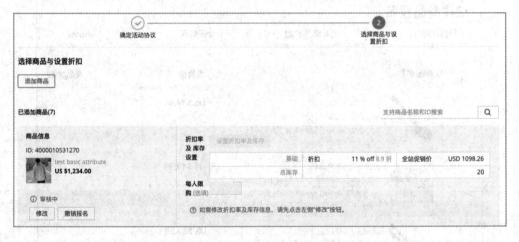

图 6-6　查看报名结果

(7) 报名完成后，会进入到审核阶段(审核阶段分为两个阶段：一审和二审)，只有二审通过之后，活动报名才算成功。

【案例】

经过一段时间的积累，Lucas 的速卖通店铺几款主推的"shovel"已经积累了一定的销量和评价，现准备为这几款产品报名 Flash Deals 活动，请问在报名前他应该做哪些准备工作呢？

【解析】

1. 确保店铺的好评率在 95% 以上，DSR 动态评分在 4.5 以上。

2. 需要给报名的产品提前设置包邮规则，即俄罗斯、乌克兰、波兰、美国、西班牙、法国和白俄罗斯这些国家的买家可享包邮服务。

3. 报名产品提前设置发货期为 5 天。

4. 报名产品库存不低于 100 件。

5. 确保报名产品近 30 天的销量不低于 30 件。

6.2　金币频道活动报名

任务分析

金币频道活动是 APP 端专有的活动(不展示在 PC 端)，是利用金币(买家可以在 APP 端领取或抽奖获得)带来利益的活动。该频道在 APP 内的英文名称是 "Coins&Coupons"，是目前 APP 端流量排名 TOP1 的频道。本节将详细介绍金币频道活动报名要求及注意事项。

报名条件

(1) 招商对象：金牌/银牌店铺。

(2) 价格门槛：至少报名三个 0.01 美金的商品后，才可报名其他的商品(要求满足 30 天最低价)。

(3) 报名商品数：每个商家报名商品数量限制为 20 个(且其中至少有三件 0.01 美元的商品)。

(4) 包邮国家：美国和俄罗斯。

(5) 招商时间：一般每周周一、周二开放招商入口(节假日等特殊情况除外)。

(6) 价格门槛：在 30 天内最低价基础上要求额外折扣。

(7) 支付时限：下单 1 小时内。

任务实施

(1) 登录"卖家中心"(店铺后台)，在"营销活动"的下拉项中选择"平台活动"选项，点击"金币频道"下方的"立即报名"按钮，如图 6-7 所示。

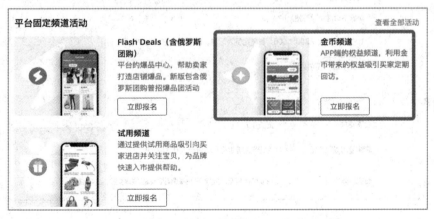

图 6-7　金币活动报名入口

(2) 在活动列表中选择可以报名的活动后，点击"立即报名"按钮，如图 6-8 所示。

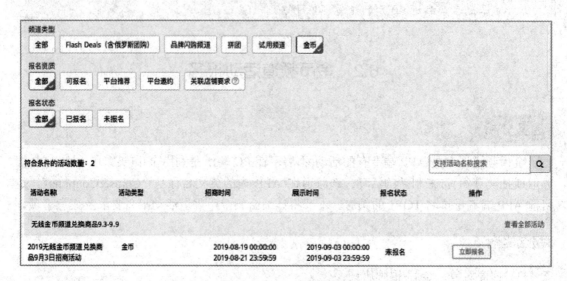

图 6-8　查看活动列表

(3) 查看活动详细要求，点击"立即报名活动"按钮，如图 6-9 所示。

图 6-9　查看活动要求并报名

(4) 选择报名活动产品，如图 6-10 所示。

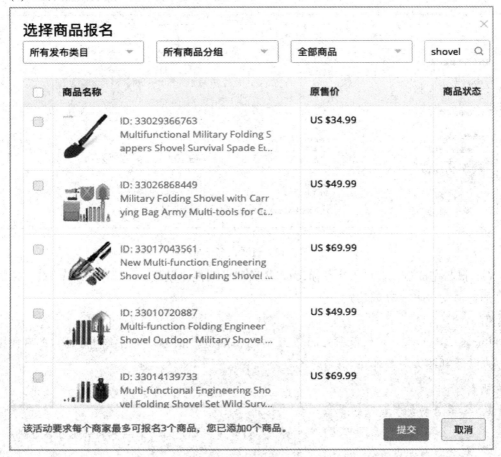

图 6-10　选择活动产品

(5) 设置活动折扣(活动折扣分为全站折扣和无线折扣两种，不同类目的最低折扣要求不一样)及库存(不得少于活动要求库存量)后，点击"提交"按钮，如图 6-11 所示。

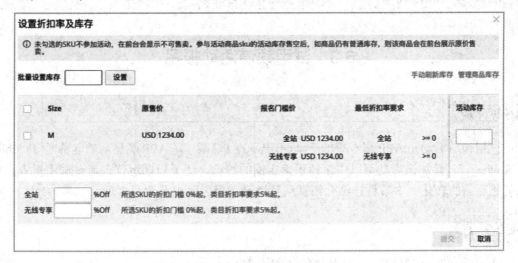

图 6-11　设置折扣及库存

(6) 报名提交之后，可以查看已经报名的产品及活动设置，如图 6-12 所示。

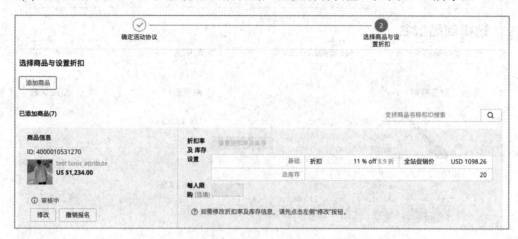

图 6-12　查看报名结果

(7) 报名完成后，会进入审核阶段(审核阶段分为两个阶段：一审和二审)，只有二审通过之后，活动报名才算成功。

【案例】

Lucas 准备为店铺中销量前三的产品 "Engineering shovel" 报名金币活动，请问在报名前他应该做哪些准备工作呢？

【解析】

1. 金币活动要求卖家的等级为金牌/银牌卖家。
2. 需要给报名的产品提前设置包邮规则，即俄罗斯、美国两个国家的买家可享包邮服务。
3. 报名时至少设置 3 个 0.01 美金的产品。
4. 一次性最多可报名 20 个产品。
5. 90 天内店铺好评率 92%及以上;
6. 报名价格在 90 天内最低价基础上额外设置折扣。

6.3　试用频道活动报名

任务分析

试用频道活动是 APP 端专有的活动(不展示在 PC 端)，在 APP 端显示的名称是"Freebies & Reviews"。参加该活动可以快速地积累店铺的粉丝，便于后期运营。通过试用报告，可以促进新品的转化。本节将详细介绍试用频道活动报名要求及注意事项。

报名条件

(1) 价格要求：试用订单金额全部为 0.01 美元。

(2) 类目要求：全类目。

(3) 发货时间：商家必须在 5 天内发货(含 5 天)。

(4) 包邮国家：白俄罗斯、美国、以色列、澳大利亚、英国、意大利、土耳其、波兰、乌克兰、法国、俄罗斯、西班牙、荷兰和德国。

(5) 产品数量及库存：每个卖家可以报名 2 个商品，每个商品库存不得低于 5 个。

(6) 系统需要 3~5 天的时间筛选中奖买家以及生成订单，商品在活动结束后 3~5 天后才能释放。

(7) 产品销量要求：不得超过 10 个。

任务实施

(1) 登录"卖家中心"(店铺后台)，在"营销活动"的下拉项中选择"平台活动"选项，点击"试用频道"下方的"立即报名"按钮，如图 6-13 所示。

图 6-13　试用频道活动报名入口

(2) 在活动列表中选择可以报名的活动后，点击"立即报名"按钮，如图 6-14 所示。

图 6-14　查看活动列表

(3) 查看活动详细要求后，点击"立即报名活动"按钮，如图 6-15 所示。

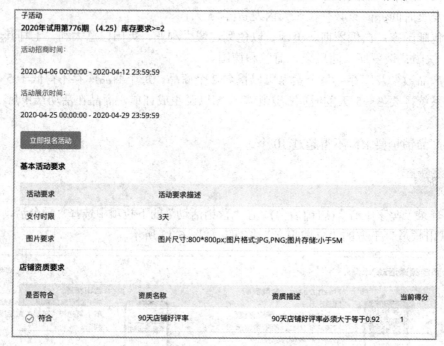

图 6-15　查看活动要求并报名

(4) 选择报名活动产品，如图 6-16 所示。

图 6-16　选择活动产品

(5) 设置库存(不得少于活动要求库存量)，点击"提交"按钮，如图 6-17 所示。

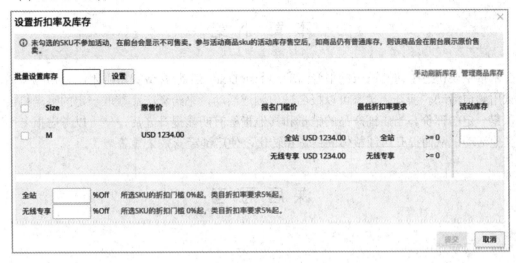

图 6-17 设置折扣库存

(6) 报名提交之后，可以查看已经报名的产品及活动设置，如图 6-18 所示。

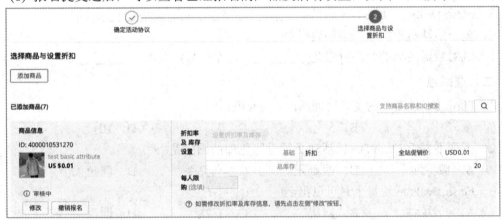

图 6-18 查看报名结果

(7) 报名完成后，会进入审核阶段(审核阶段分为两个阶段：一审和二审)，只有二审通过之后，活动报名才算成功。

【案例】

Lucas 准备为公司新研发的一款"Multi-functional shovel"商品报名试用频道活动，请问在报名前他应该做些什么准备工作呢？

【解析】

1. 发布产品时设置白俄罗斯、美国、以色列、澳大利亚、英国、德国、法国、俄罗斯、乌克兰、波兰、西班牙、荷兰、意大利和土耳其这些国家的买家可享包邮服务。

2. 产品的发货期不得超过 5 天。

3. 报名产品的价格是 0.01 美金。

4. 报名产品的库存数量不得少于 5 个。

本 章 小 结

本章主要讲述了速卖通店铺平台活动：Flash Deals 活动(含俄罗斯拼团)、金币频道活动和试用频道活动。新开店卖家可以报名试用频道活动，来给新产品获取一定的曝光机会，并积累一定的评价。当店铺产品的销量和其他指标有明显提升之后，便可以考虑报名平台的其他活动，从而提升店铺整体的销量和转化，使店铺经营效果显著。

课 后 思 考

一、填空题

1. Flash Deals 活动包括_____和_____。
2. Flash Deals 活动对于产品的要求是_____、_____和_____。
3. Flash Deals 活动展示时间是_____。
4. 金币活动对于卖家店铺的要求是_____。
5. 试用频道活动的产品价格是_____，库存数量要求_____。

二、选择题

1. Flash Deals 活动的发货时间为(　　)天内。
   A. 3　　　　　　　B. 5　　　　　　　C. 7　　　　　　　D. 10
2. 下列不属于 Flash Deals 活动必须设置包邮的国家是(　　)。
   A. 俄罗斯　　　　　B. 西班牙　　　　　C. 乌克兰　　　　　D. 阿拉伯
3. Flash Deals 活动每个月可以报名(　　)。
   A. 一次　　　　　　B. 二次　　　　　　C. 三次　　　　　　D. 四次
4. 试用频道的产品销量要求是(　　)。
   A. 不少于 30 个　　　　　　　　B. 不少于 20 个
   C. 不超过 20 个　　　　　　　　D. 不超过 10 个
5. 三种平台活动(Flash Deals 活动、金币频道活动以及试用频道活动)都必须包邮的国家是(　　)。
   A. 白俄罗斯　　　　B. 乌克兰　　　　　C. 美国　　　　　　D. 巴西

三、能力拓展

为店铺中已发布的商品制作参与平台活动的策划方案。

第 7 章　速卖通直通车推广

项目介绍

　　Lucas 针对店铺中在售的商品创建了不同的活动，店铺的销售状况有所好转。参加平台活动的几款 "shovel" 在活动期间订单量急速增加，但活动结束后，销量又慢慢地回落。Lucas 明白，平台活动虽能增加店铺销量，但都是短期的。如何能够持续地为店铺带来流量，进一步提升转化，是他当前面临的困境。

　　就在他苦思冥想的时候，他看到了浏览器页面弹出来的广告，上面展示的恰好是最近他看过的一个产品。这让他觉得很惊奇，为什么浏览器会推送产品呢？于是他开始研究这种广告方式，后来得知这样的广告形式在平台上被称为速卖通直通车。

　　直通车是一种按照效果付费的广告推广方式，简称为 P4P 广告，它的全称是 Pay for Performance。直通车的扣费方式为点击付费(Cost Per Click，CPC)，卖家可以通过对关键词出价的形式为产品竞争到好的展示位置，增加产品和店铺的曝光量。

　　本章所涉及任务：

　　➢ 工作任务一：了解直通车后台概况；
　　➢ 工作任务二：创建直通车推广计划；
　　➢ 工作任务三：查看直通车数据报告；
　　➢ 工作任务四：设置直通车账户。

【知识点】

1. 推广计划；
2. 全店管家；
3. 选品工具；
4. 关键词工具；
5. 商品报告；
6. 关键词报告；
7. 数据效果。

【技能点】

1. 能够清楚地辨认直通车的推广展示位置；
2. 创建直通车的推广计划；
3. 根据数据效果，及时调整直通车关键词的出价、投放时间以及区域。

7.1 直通车后台概况

任务分析

直通车作为一种很热门的广告方式，功能也是比较齐全的。本节将一一介绍直通车后台每一个模块的功能，具体模块如图 7-1 所示。

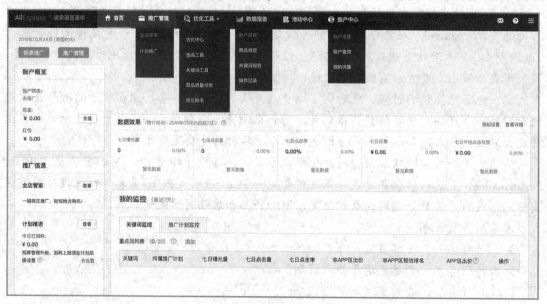

图 7-1 直通车后台展示

在直通车后台，各大模块包括的功能模块如下：

(1) "首页"模块："账户概览""推广信息""消息中心""数据效果"以及"我的监控"。

(2) "推广管理"模块："全店管家"以及"计划推广"。

(3) "优化工具"模块："优化中心""选品工具""关键词工具""商品质量诊断"以及"抢位助手"。

(4) "数据报告"模块："账户报告""商品报告""关键词报告"以及"操作记录"。

(5) "活动中心"模块："报名活动享受充值折扣"以及"红包"。

(5) "账户中心"模块："账户设置""账户查询"以及"我的优惠"。

任务实施

1. "首页"模块

(1) "账户概览"：可以查看账户的推广状态(未推广/推广中/已欠费)、账户现金余额以及未使用的充值红包金额。

(2) "推广信息"：可以查看全店管家和计划推广。全店管家是一种比较简单的推广方式，只需要一键开启即可。可以使用计划推广查看推广中计划、点爆计划(日限额提前消耗完的计划)及每日消耗金额(账户总花费)。

(3) "消息中心"：可以查看系统发送的消息(系统检测到推广过程中的数据异常、花费达日限额以及账户余额不足等)。

(4) "数据效果"：可以查看最近 7 天的主要效果指标(七日曝光量、七日点击量、七日点击率、七日花费、七日平均点击花费、七日下单数、七日下单金额、七日加入购物车次数和七日加入收藏夹次数共计 9 个指标，卖家最多只能选择展示其中 5 个指标)，系统会自动统计账户所有推广计划最近 7 天与上一个周期(上一个 7 天)汇总数据的变化情况(上升、持平或下降)，以便卖家及时进行调整。

(5) "我的监控"：可以看到最近 7 天的监控内容，即关键词监控和推广计划监控。关键词监控中，卖家可以添加最多 20 个关键词，并可以随时进行修改，建议添加重点的关键词，每一个关键词监控指标包括关键词、所属推广计划、七日曝光量、七日点击量、七日点击率、非 APP 区出价、非 APP 区预估排名、APP 区出价以及操作。推广计划监控最多可以监控 10 个推广计划，同样可以被修改调整，每个监控计划监控的指标包括七日曝光量、七日点击量、七日点击率、七日总花费以及平均点击花费。

2. "推广管理"模块

(1) "全店管家"：仅需打开推广开关，设置点击出价和日限额即可。系统会自动进行相关推荐，主要展示位置在产品详情页下方的推荐位置。

(2) "计划推广"：根据营销目的创建推广计划。营销目的分为测款选词、爆款助推和日常引流三种。测款选词创建的计划类型是智能测款，每个账户最多可创建 50 个智能测款计划，每个计划可以添加 100 个商品；爆款助推创建的计划类型是重点推广计划，每个账户最多可创建 30 个重点推广计划，每个计划可以创建 100 个推广单元，每个推广单元只能添加一款产品，每个产品最多可添加 200 个关键词；日常引流可以创建重点推广计划和快捷推广计划，每个账户最多可创建 50 个快捷推广计划，每个计划可以添加 100 个商品。

3. "优化工具"模块

(1) "优化中心"：从"基础指标""效果指标"和"消耗指标"三个维度为卖家的直通车推广做全面诊断。针对这三个指标分别统计汇总指标分值、同行趋势百分比、近 7 天采纳的建议数和当前待采纳的建议数。

(2) "选品工具"：可以通过系统给出的维度(热销、热搜和潜力)进行筛选，确定使用直通车推广的产品。

(3) "关键词工具"：可以按照推广计划找词、按照行业找词和按照输入关键词全站搜索三种方式筛选出高流量、高订单、高转化的关键词。

(4) "商品质量诊断"：有两个功能。其中，卖家可以利用信息实时诊断检测产品标题是否存在信息质量问题；卖家也可以利用翻译优化助手提交需要翻译的产品或文件，通过在线支付(按照翻译的字数收费)，完成翻译任务，翻译结果会在 48 小时之内返回。

(5) “抢位助手”：只针对高级车手以上客户开放，能够快速地帮助卖家抢占更好的位置。

4．“数据报告”模块

(1) “账户报告”：可以查看账户某一时间段(或某天)不同的推广计划在不同的投放区域的各项指标(曝光量、点击量、点击率、花费、平均点击花费、下单数、下单金额、加入购物车次数以及加入收藏夹次数)，同样可以将这些不同指标的数据下载保存，方便后期查看对比。

(2) “商品报告”：可查看的指标数据同账户报告相同，只是这里查看的是某一款产品的各项数据。

(3) “关键词报告”：可查看的指标数据同账户报告相同，只是这里查看的是 TOP 10 关键词的各项数据。

(4) “操作记录”：可以查看卖家针对直通车账户的所有操作记录(操作时间、操作者、操作类型和操作详情)，如图 7-2 所示。

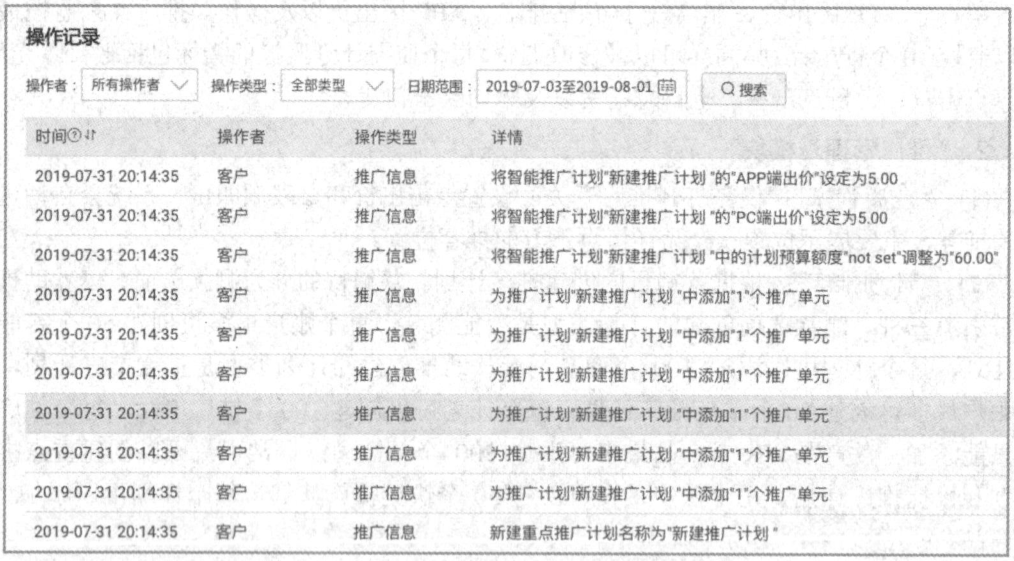

操作记录

操作者：所有操作者　操作类型：全部类型　日期范围：2019-07-03至2019-08-01　搜索

时间	操作者	操作类型	详情
2019-07-31 20:14:35	客户	推广信息	将智能推广计划"新建推广计划 "的"APP端出价"设定为5.00
2019-07-31 20:14:35	客户	推广信息	将智能推广计划"新建推广计划 "的"PC端出价"设定为5.00
2019-07-31 20:14:35	客户	推广信息	将智能推广计划"新建推广计划 "中的计划预算额度"not set"调整为"60.00"
2019-07-31 20:14:35	客户	推广信息	为推广计划"新建推广计划 "中添加"1"个推广单元
2019-07-31 20:14:35	客户	推广信息	为推广计划"新建推广计划 "中添加"1"个推广单元
2019-07-31 20:14:35	客户	推广信息	为推广计划"新建推广计划 "中添加"1"个推广单元
2019-07-31 20:14:35	客户	推广信息	为推广计划"新建推广计划 "中添加"1"个推广单元
2019-07-31 20:14:35	客户	推广信息	为推广计划"新建推广计划 "中添加"1"个推广单元
2019-07-31 20:14:35	客户	推广信息	为推广计划"新建推广计划 "中添加"1"个推广单元
2019-07-31 20:14:35	客户	推广信息	新建重点推广计划名称为"新建推广计划 "

图 7-2　直通车操作记录

5．“活动中心”模块

在活动中心可以看到充值类红包活动(使用有效期为 365 天)和其他红包活动(使用有效期为 180 天)。

6．“账户中心”模块

(1) “账户设置”：可以查看账户余额(包括账户现有余额以及账户可用红包余额)，设置每日消耗上限(每日最多花费金额上限)和账户余额提醒(当余额低于设置金额时，会通过手机信息或邮件提醒卖家进行充值)，还可以邀请好友开通直通车账户获得奖励的邀请链接。

(2) “账户查询”：包括账户余额(余额、红包和现金)，充值(选择充值金额 500、1000 或 5000，使用支付宝、网银、信用卡或速卖通账户余额进行支付)以及账户历史明细(现金&红包、卡券)。

(3) "我的优惠"：可以查看账户剩余优惠券数量、可以节省的金额以及使用过的优惠券记录。

7.2 直通车推广管理

任务分析

推广管理是直通车操作中最为关键的部分。卖家若想要通过直通车获得更多的曝光，提高店铺整体的销量，创建推广计划则是首要工作。没有推广计划，直通车也就形同虚设。本节将重点介绍直通车推广计划的创建。

任务实施

(1) 登录卖家中心(店铺后台)，在"营销活动"选项中选择"直通车营销"选项，如图7-3所示。

图 7-3 直通车入口

(2) 进入直通车后台，选择"推广管理"选项，如图7-4所示。

图 7-4 选择"推广管理"选项

(3) 全店管家设置时，应按照页面提示进行，如图7-5所示。

图 7-5 全店管家设置

(4) 全店管家设置完成后，还可以针对店铺部分产品做计划推广。点击"新建推广计划"按钮，选择推广类型后，点击"下一步"按钮，如图 7-6 所示。

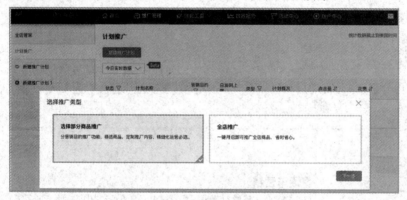

图 7-6 选择计划类型

注：此处的全店推广即全店管家，如果没有先开通全店管家，在这里也可以进行开通。

(5) 选择营销目的和计划类型，填写计划基本信息。不同的营销目的，推广方式也不同，如图 7-7、图 7-8 和图 7-9 所示。

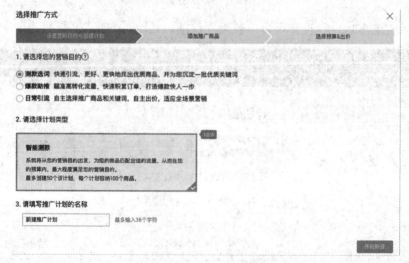

图 7-7 测款选词—智能测款

注：若选择智能测款只需填写推广计划的名称，该名称不得超过 36 个字符，便于卖家识别并查找到对应的计划。

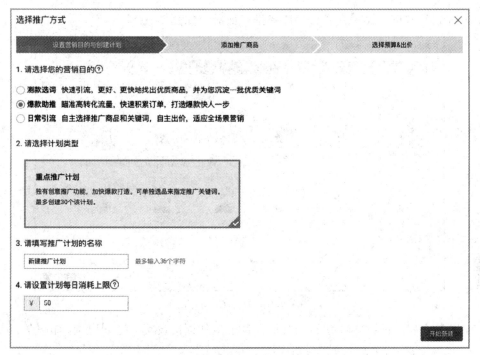

图 7-8　爆款助推—重点推广计划

注：若选择重点推广计划，除需要填写推广计划的名称外，还需要设置计划每日消耗上限(日限额)，日限额不得少于 30 元人民币。

图 7-9　日常引流—重点推广计划和快捷推广计划

注：选择快捷推广计划与选择重点推广计划一样，除需要填写推广计划的名称外，还需要设置计划每日消耗上限(日限额)，日限额不得少于 30 元人民币。

(6) 计划基本信息设置完成后，选择推广商品，如图 7-10 所示。

图 7-10 选择推广商品

(7) 添加关键词(推荐词、搜索相关词以及批量加词)，设置关键词出价，如图 7-11 所示。

图 7-11 添加关键词

注:

① 建议多选推荐词，适当添加搜索相关词。

② 出价方式可以选择"按市场平均价+自定义价格"的方式，也可以选择"按底价+自定义价格"的方式。APP 区出价是按照默认出价进行一定比例的溢价设置，出价比例为 50%~500%。

(8) 选择关键词并出价后，推广计划的创建就完成了。卖家可以返回计划推广中查看创建的推广计划。

推广计划创建完成后，需要实时查看推广效果，根据推广数据及时调整相关设置(如关键词增删、价格调整、创意修改等)。

知识拓展

直通车展示位置包括搜索结果页、产品详情页底部和搜索结果页底部。原搜索结果页(每页 4×12 行，共计 48 个搜索结果位置)投放展示位置为：第一页第 12、20、28、36 和 44 共 5 个位置和第二页及以后每一搜索页面第 8、16、24、32、48 和 48 共 6 个位置不同的浏览中，新搜索结果页(每页 5×12 行，共计 60 个搜索结果位置)投放展示位置不固定，右下角有 "AD" 标志的产品块的位置即为直通车推广位置。直通车展示位置示例如图 7-12 所示。

图 7-12　直通车展示位置示例图

【案例】

Lucas 对直通车后台进行了解之后，决定使用直通车推广店铺里一款 "Engineering shovel"，请问 Lucas 该如何制定推广计划呢？

【解析】

首先，应该使用重点推广计划推广一款销量比较好的产品，着重进行关键词的筛选，制作推广创意。其具体设置如下：

1. 新建推广计划，选择 "部分商品推广" 选项后，选择 "重点推广计划" 选项，设置推广计划的名称、每日限额以及需要推广的产品。

2. 针对该产品筛选关键词，筛选关键词等级为优或良的词，然后在选出来的词中再进行一次筛选，选择跟产品匹配度比较高的词进行添加。

3. 添加完成关键词之后，要设置出价，刚建好的计划可以选择默认出价，后期根据直通车数据进行调整。

最后，计划创建完成之后，需要添加特有创意(创意标题和创意图片)，创意图片要有足够的吸引力，展示产品的最大的特点。

7.3 直通车数据报告

任务分析

直通车除了推广计划之外，及时查看数据并对数据报告进行分析也是直通车推广中必不可少的工作。只有把数据分析清楚，才能发现推广中存在的问题并及时地进行调整。这不仅能够减少不必要的花费，还能增加产品以及店铺的曝光量，提高店铺的转化率。本节将介绍如何查看账户报告和关键词报告，分析商品数据中存在的问题并进行调整。

任务实施

1. 账户报告

(1) 登录卖家中心(店铺后台)，在"营销活动"选项中选择"直通车营销"选项，如图7-13所示。

图7-13 直通车入口

(2) 进入直通车后台后，选择"数据报告"选项，查看账户报告，如图7-14所示。

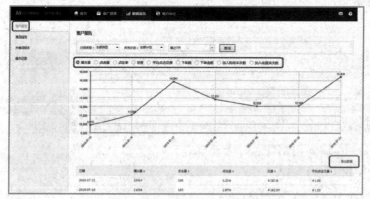

图7-14 查看账户报告

注：

① 可以对账户报告选择计划类型、该计划类型下的某一计划或在某一时间段(或某一天)查看相关的数据。

② 可查看的数据维度有曝光量、点击量、点击率、花费、平均点击花费、下单数、加入购物车次数和加入收藏夹次数，每一个维度都有独立的数据图。

③ 数据提供下载功能(导出数据)，可以下载(导出)相关数据，进行分析和数据源保存(最多只能查看30天的数据)。

(3) 根据数据报告进行分析, 主要从曝光量、点击率和平均点击花费三方面来进行:

① 曝光量: 曝光量的多少取决于关键词的数量、关键词排名、推广时长以及关键词的搜索热度, 因此在选择关键词时要多选择搜索热度高的关键词。在保证质量的基础上, 也要尽可能地增加关键词的数量, 提高关键词的出价(从而提高展示排名)和推广时长。

② 点击率: 关键词与产品的匹配度, 以及产品的图片都是影响点击率的因素, 因此在选择关键词时要考虑清楚该关键词是否与推广产品密切关联, 产品的图片是否能够直观地展示产品, 让买家眼前一亮。

③ 平均点击花费: 影响平均点击花费的因素有两个, 分别是推广评分和关键词出价。推广分数较低、花费较高、转化很低的词要被果断地删除; 推广分数低、花费高、转化也高的词可以暂时被保留, 继续观察(可以适当地降低花费, 观察数据变化); 推广分数低、花费低、转化比较高的词可以被适当保留; 推广分数高、花费低、转化高的词必须被保留; 推广分数高、花费高、转化高的词可以被适当降低花费, 观察数据变化。

2. 关键词报告

(1) 登录卖家中心(店铺后台), 在"营销活动"选项中选择"直通车营销"选项, 如图7-15 所示。

图 7-15 直通车入口

(2) 进入直通车后台, 选择"数据报告"选项, 查看关键词报告并进行分析, 如图 7-16 所示。

图 7-16 查看 TOP10 关键词报告

注:

① 卖家通过关键词报告可以查看某一个计划(或全部计划)在某一个时间段(某一天)内的 TOP 10 关键词的数据情况。

② 每一个维度下的 TOP 10 关键词都不一样, 同样可以把所有数据导出, 进行整体地分析。

(3) 数据分析过程可参照账户报告分析。

3．商品数据

(1) 登录卖家中心(店铺后台)，在"营销活动"选项中选择"直通车营销"选项，如图 7-17 所示。

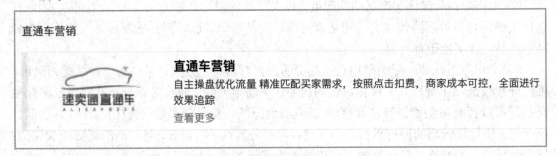

图 7-17　直通车入口

(2) 进入直通车后台，选择"数据报告"选项，查看商品报告并进行分析，如图 7-18 所示。

图 7-18　查看商品报告

注：

① 卖家通过商品报告可以查看某一个计划(或全部计划)在某一个时间段(某一天)内的 TOP 10 产品的数据情况。

② 每一个维度下的 TOP 10 商品都不一样，同样可以把所有数据导出，进行整体地分析。

(3) 数据分析过程可参照账户报告分析。

查看数据报告，不单单是看密密麻麻的数字，更重要的是要通过数据找出直通车推广过程中存在的问题，并及时有效地进行调整修改，确保直通车能够高效地帮助卖家获得更多的曝光机会和更高的转化效果。

【案例】

Lucas 在为 "Engineering shovel" 这款产品创建完重点计划后的几天，查看推广数据报表时，他发现每到下午 3 点左右，这款产品的曝光量就不再增加，其他指标(点击量、点击率、平均点击花费等)不再变化，试分析造成这样结果的原因以及解决方法？

【解析】

直通车是按照点击扣费的一种推广方式，每一次的扣费都是在推广计划的日限额中扣除的，当最后一次扣费超出计划设置的日限额时，该计划会成为被点爆计划，当日将不再进行推广。

针对这样的情况，Lucas 可以通过如下方式解决：

1. 提高该推广计划的日限额。

2. 删除计划下无效的关键词(有点击无转化的关键词)，从而减少不必要的花费。

7.4　直通车账户设置

任务分析

直通车账户设置是为了保障直通车推广的正常运转。在直通车账户中可以查看账户余额并进行余额充值、设置日限额、设置余额提醒以及邀请好友获得奖金。本节将针对直通车账户设置的相关内容逐一进行介绍。

任务实施

1. 查看账户余额并进行余额充值

(1) 登录直通车后台，选择"账户中心"选项下的"账户设置"选项，查看账户余额，如图 7-19 所示。

图 7-19　账户中心—账户设置

(2) 选择相应的充值余额，为直通车账户充值，确认后点击"确认订单"按钮，如图 7-20 所示。

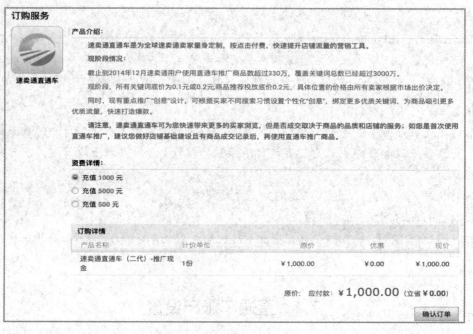

图 7-20　直通车账户充值

注:

① 直通车充值金额有 500 元、1000 元、5000 元三个选择,卖家可根据需求选择相应的金额进行充值。

② 直通车账户充值暂时不支持自定义充值金额。

(3) 提交充值订单成功后,订单处于待支付状态,确认信息完成后点击"立即付款"按钮。订单明细如图 7-21 所示。

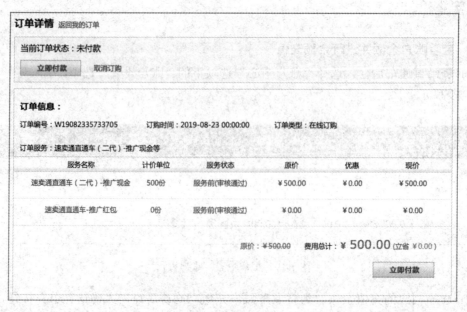

图 7-21　充值订单明细

(4) 选择付款方式，完成充值订单支付，如图 7-22 所示。

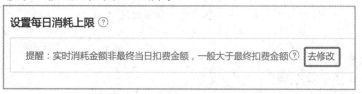

图 7-22　选择支付方式完成充值付款

至此，账户充值过程就全部完成了，下面开始设置每日消耗上限(简称日限额)。

2．设置日限额

(1) 登录直通车后台，选择"账户中心"选项下的"账户设置"选项，设置每日消耗上限，点击"去修改"按钮，如图 7-23 所示。

设置每日消耗上限 ⑦

提醒：实时消耗金额非最终当日扣费金额，一般大于最终扣费金额⑦ 去修改

图 7-23　账户设置—每日消耗上限

(2) 进入计划管理页面，修改每一个计划的日消耗上限，如图 7-24 所示。

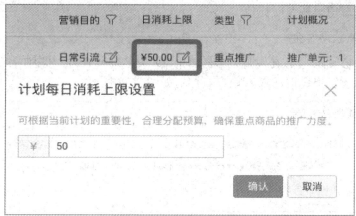

图 7-24　修改日消耗上限

(3) 按照上图所示，逐个进行日限额的修改(增加或减少，最少不得少于 30 元)。日限额可以随时根据推广需要进行修改。

3．设置余额提醒

(1) 登录直通车后台，选择"账户中心"选项下的"账户设置"选项，设置余额提醒，点击"修改"按钮，如图 7-25 所示。

图 7-25　账户设置—余额提醒

(2) 开启并设置余额提醒，如图 7-26 所示。

图 7-26　设置余额提醒

注：

① 打开余额提醒开关。

② 输入余额低于的金额。

③ 填写用来接收提醒信息的手机号和邮箱账号。

(3) 信息填写完成之后，点击"确认修改"按钮，当账户余额少于设定的金额时，系统会通过邮件或短信提醒及时充值。

4．邀请好友获得奖金

通过发送邀请链接来邀请其他卖家直通车开户，从而获得开户奖励。奖励以红包形式，次月 3 号前发送至发出邀请的卖家账户。详情如图 7-27 所示。

图 7-27　邀请好友获奖金

从以上四个方面针对直通车账户进行设置，确保直通车推广能够有条不紊地进行，避免花费过高以及账户余额不足造成直通车推广异常情况的发生。

本 章 小 结

本章针对速卖通直通车后台模块进行全面的介绍，让卖家能够清楚了解每一个模块的详细功能。在此基础上，卖家可针对不同的营销目的，创建推广计划，充分地利用直通车推广，获取更多的曝光和展示机会，对关键词进行出价来竞争更加有利的展示位置，还可以针对不同的区域进行广告投放。在整个推广过程中，要实时地进行数据的监控，准确地分析出推广中存在的问题并及时地进行调整。

课 后 思 考

一、填空题

1. 速卖通直通车推广方式有_____和_____。
2. 可新建的推广计划类型有_____、_____和_____。
3. 卖家通过数据报告可查看_____、_____和_____。
4. 测试新产品应该创建_____计划，每个账户可以创建_____个这样的计划。
5. 直通车充值金额有_____、_____和_____三种。

二、选择题

1. 在速卖通直通车后台不可操作的是(　　)。
　　A．全店管家　　　B．账户充值　　　C．选品专家　　　D．操作记录
2. 速卖通直通车后台看不到的指标是(　　)。
　　A．曝光量　　　　B．点击量　　　　C．访客量　　　　D．下单数
3. 每个账户可创建重点推广计划(　　)。
　　A．20 个　　　　B．30 个　　　　C．50 个　　　　D．100 个
4. 每一个重点推广计划可以添加关键词数为(　　)。
　　A．100 个　　　　B．150 个　　　　C．200 个　　　　D．不限量
5. 速卖通直通车扣费方式为(　　)。
　　A．P4P　　　　　B．PVC　　　　　C．PCC　　　　　D．CPC

三、能力拓展

1. 为店铺直通车账户充值并设置余额提醒功能。
2. 为已上传的产品设置直通车推广计划并整理分析数据，最后提出改进方案。

第 8 章　速卖通联盟营销

项目介绍

　　通过店铺活动、平台活动以及直通车的助力，店铺的业绩稳步上升。但是在整个推广的过程中还有一个问题困扰着 Lucas，直通车推广效果从整体上看很好，但还是有一些产品效果不佳，造成支出超过成交金额的情况。他一度决定暂停这些计划的推广，然而发现如果暂停推广这几款产品，将不会再有曝光量，更不会有转化了。

　　如果有一种推广方式既能获得曝光，又能很有效地控制成本就好了，Lucas 再次请教了他的朋友 David，David 告诉他其实有一种推广方式(平台上被称之为联盟营销)既能获得曝光，又能有效地控制推广的花费，这让 Lucas 喜出望外，于是开始研究这种推广方式……

　　速卖通联盟是帮助卖家做站外推广引流的营销产品，按成交计费(Cost Per Sale，CPS)，即若有买家通过联盟推广的链接进入店铺购买商品并交易成功，卖家才需要支付佣金。卖家不需要先充值，也不需要前期投入资金。联盟营销可以帮助卖家获得免费的曝光，卖家可以自主选择需要推广的商品，并针对不同的商品设置不同的佣金比例，灵活控制预算。联盟营销的推广效果显著。

　　本章所涉及任务:
➢ 工作任务一: 加入与退出联盟营销;
➢ 工作任务二: 设置联盟营销计划;
➢ 工作任务三: 查看联盟营销报表。

【知识点】

1. 默认佣金比例;
2. 类目佣金比例;
3. 主推产品佣金比例;
4. 爆品佣金比例;
5. 佣金比例生效时间;
6. 加入、退出联盟营销;
7. 佣金结算。

【技能点】

1. 开通联盟营销;
2. 设置默认佣金;

3. 选择主推产品并设置佣金；

4. 计算联盟佣金；

5. 查看效果报表；

6. 退出联盟营销。

8.1　联盟营销加入与退出

任务分析

　　加入联盟营销除了可以在原来的营销渠道获得曝光外，还可以再针对联盟商品设置的专门位置获得额外的曝光，包括但不限于一些专门针对联盟商品的活动推广页面。买家可以通过联盟网站推广的搜索引擎、付费广告、社区论坛、邮件营销等渠道看到商品广告。本节将介绍联盟营销的加入、退出的操作。

任务实施

1. 加入联盟

(1) 登录卖家中心，在"营销活动"选项中，选择"联盟营销"选项，如图 8-1 所示。

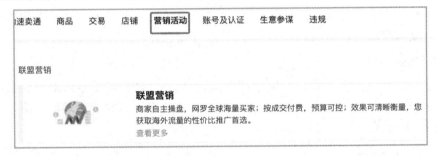

图 8-1　联盟营销入口

(2) 勾选"我已阅读并同意此协议"后，点击"下一步"按钮，如图 8-2 所示。

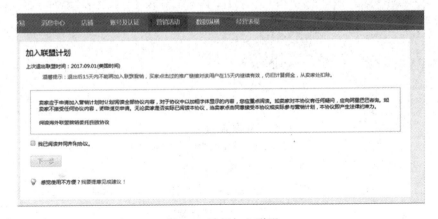

图 8-2　选择加入联盟

(3) 设置默认佣金比例。不同类目的最低默认佣金比例要求不同，卖家可以自行设置该佣金比例(不低于类目要求)。

(4) 加入成功后便可进入"联盟看板"模块，如图 8-3 所示。

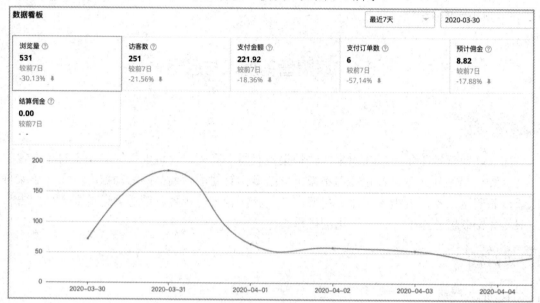

图 8-3　联盟看板

默认佣金比例设置完成后，联盟营销也就成功加入了。目前联盟营销的加入没有设置任何门槛，卖家可以自行加入。

2. 联盟退出

(1) 在买家中心并没有设立联盟营销的退出入口，卖家需要输入退出链接 "https://afseller.aliexpress.com/affiliate/exit.htm" 后，点击"退出联盟营销"选项和"确定"按钮即可，如图 8-4 所示。

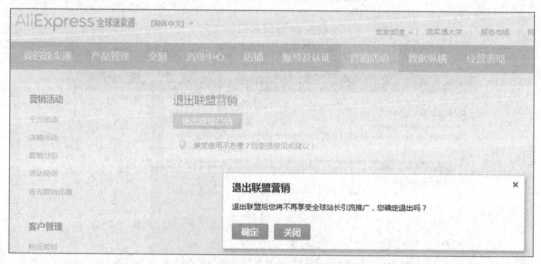

图 8-4　退出联盟营销

（2）登录卖家中心，选择"营销活动"选项中的"联盟营销"选项，若看到提示加入联盟的界面，则说明已退出联盟营销；若看到"联盟看板"模块，则说明需要重新操作退出流程。

注：

a. 加入联盟推广的 15 天后，卖家才可以申请退出联盟营销。

b. 退出联盟推广之日起 7 天后卖家才能重新加入联盟推广。重新加入流程与首次加入流程相同。

c. 自卖家操作退出后第二天 0 时，联盟为卖家进行的推广会立即失效。对于退出生效后买家所产生的订单，卖家不需要支付佣金。

目前，联盟营销的加入和退出面向所有的卖家，并无相应的门槛。联盟推广的操作简单，卖家可以根据店铺的经营状态和需求，灵活地使用该营销工具。

知识拓展

联盟营销展示位置分为站内渠道（网址为 best.aliexpress.com）和站外渠道（全球性的网络、区域性的网络和本地媒体）。全球性的网络具体指 google 等搜索引擎、facebook 等社交网站、youtube 等视频网站以及华为三星等手机厂商。区域性的网络类似该区域的流量一级代理。在基于 AliExpress 的重点国家基础之上辐射全球，拓展流量的一级联盟帮助卖家去拓展更多的流量（如俄罗斯 admited，欧洲的 Awin）。在流量的一级分销商的下游就是本地的垂直媒体，它又可以被分为几个部分：

（1）导购类的网站：如 slickdeals、groupon 等。

（2）返现类的站点：要买某一个商品之前可以到这些网站一搜，查看它是否有不同的让利。

（3）测评或内容类的网站：类似国内的"小红书"APP，即使用商品的一些经验转换为软文形式去引导交易。

（4）比价类的网站：可以利用这些网站比较不同平台、不同商家对某一件商品的定价。

（5）社群和网红渠道。

8.2　联盟营销计划设置

任务分析

加入联盟营销之后，全店商品都会自动加入联盟推广中，按照设置的默认佣金进行推广。卖家要针对店铺里的产品设置不同佣金比例的计划，即店铺通用计划、单品营销计划和买手营销计划。

知识拓展

点击商品站外推广链接，并在点击后 15 天内下单，不论新老客户、复购次数以及是否批发。如果一个买家点击了联盟推广商品的广告链接，并在 15 天的追踪有效期内下单，会判断为是联盟带来的订单,交易成功后会收取联盟佣金。

联盟佣金=商品成交金额(不含运费)×商品佣金比例(下单时的佣金比例)。

商品实际成交价格=商品最终交易价格−运费。

佣金比例顺序:爆品≥主推商品≥类目佣金≥默认佣金。

任务实施

1. 店铺通用计划

(1) 店铺通用计划主要是针对店铺的类目进行联盟推广设置的。首先,进入"联盟营销"模块,选择"店铺通用计划"选项,如图8-5所示。

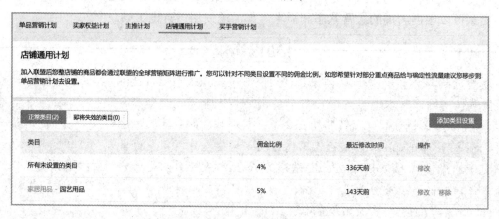

图8-5 店铺通用计划

(2) 点击"添加类目设置"按钮,为店铺的不同类目设置不同的佣金比例,选择生效时间,设置完成后点击"保存"按钮即可,如图8-6所示。

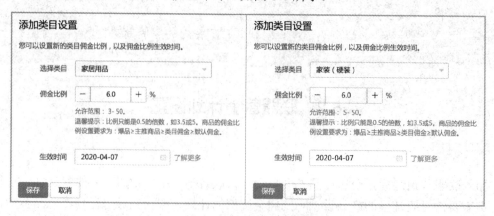

图8-6 设置类目佣金

注:

a. 类目佣金比例要设置在允许范围内。

b. 佣金比例被要求为0.5的倍数。

c. 部分类目可以设置特定二级类目佣金。

(3) 设置成功的店铺通用计划可以进行修改和移除，如图 8-7 所示。

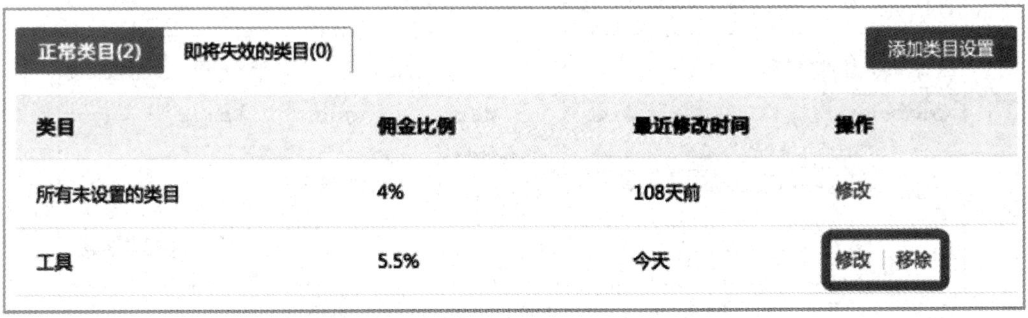

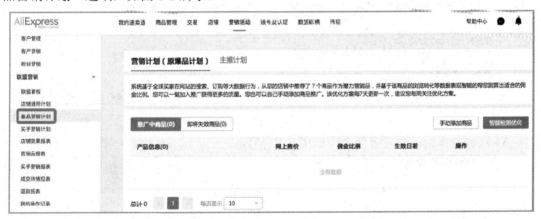

图 8-7　修改、移除店铺通用计划

2. 单品营销计划

(1) 登录卖家中心，在"营销活动"选项中，点击进入"联盟营销"模块，选择"单品营销计划"选项，如图 8-8 所示。

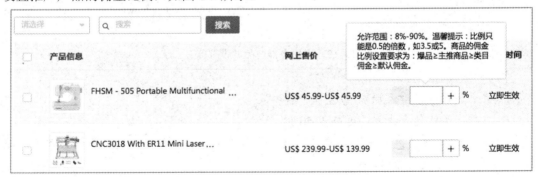

图 8-8　单品营销计划

注：单品营销计划分为营销计划(原爆品计划)和主推计划。

(2) 选择"营销计划(原爆品计划)选项"，点击"手动添加商品"按钮，按照比例要求设置推广产品的佣金比例，如图 8-9 所示。

图 8-9　选择推广产品并设置佣金比例

注：爆品计划的佣金比例最多为 90%。

(3) 可以对设置完成的计划进行修改佣金比例、查看历史佣金以及移除商品等操作，如图 8-10 所示。

图 8-10　对设置完成的计划进行相关操作

(4) 进入"单品营销计划"模块，选择"添加主推产品佣金设置"选项，如图 8-11 所示。

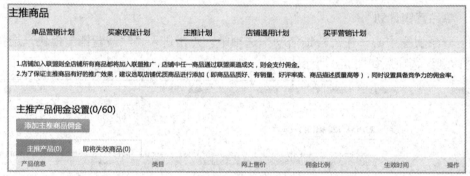

图 8-11　主推计划

(5) 添加主推商品并设置佣金，如图 8-12 所示。

图 8-12　添加主推产品并设置佣金

注：

① 每个账户最多可添加 60 款主推产品。

② 主推产品的佣金比例不得高于 50%。

③ 由于图 8-12 中第一款产品之前设置为爆款产品，因此佣金比例范围最大值不得超过之前设置的爆品佣金数值。

(6) 可以对设置完成的计划进行修改佣金比例、查看历史佣金以及移除商品等操作，如图 8-13 所示。

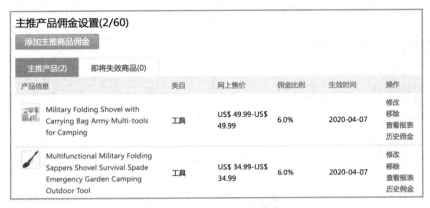

图 8-13　修改、移除主推产品

3．买手营销计划

买手商品会被海外个人用户及网红分享到各类社交媒体，利用"蚂蚁雄兵"和"社交裂变"的效果获取高质量的流量。买手商品设置佣金比例范围为 10%～90%，商品数量上限为 100 个。佣金修改生效时间同日前联盟佣金规则一样，当天修改 3 日后生效。建议选取店铺优质商品进行添加(即对商品品质好、有销量、好评率高、商品描述质量高的商品进行添加)，同时设置具备竞争力的佣金率。

(1) 登录卖家中心，在"营销活动"模块中，点击进入"联盟营销"模块，选择"买手营销计划"选项，如图 8-14 所示。

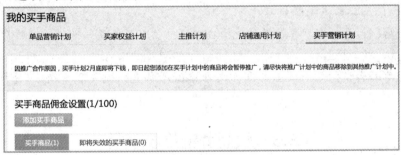

图 8-14　买手营销计划

(2) 添加买手商品并设置佣金，如图 8-15 所示。

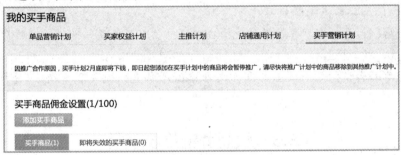

图 8-15　添加买手商品

(3) 针对设置好的买手商品进行修改、移除等操作，如图 8-16 所示。

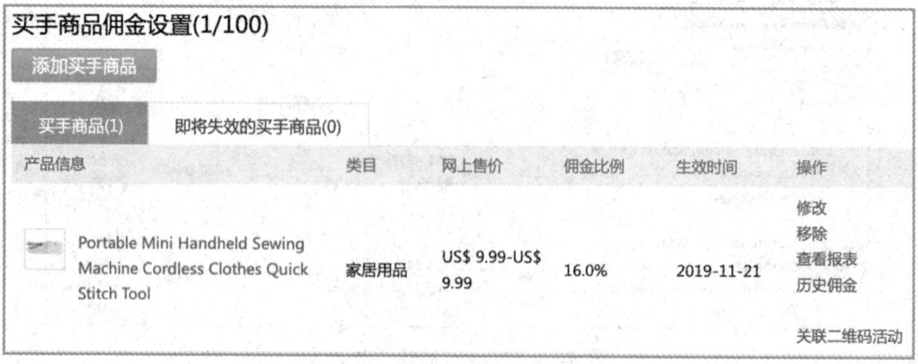

图 8-16 对买手商品进行修改、移除等操作

对联盟计划进行设置和移除时没有特定的要求，卖家可以随时根据需要进行操作。不同的阶段使用不同的联盟计划，能够帮助店铺获得更好的营销效果。

【案例】

Lucas 学习了联盟营销的相关知识以后，准备把几款直通车推广效果不是很好的产品(Garden shovel)加入联盟营销计划，更好地控制推广的花费，请问他应该如何操作？

【解析】

要起加入联盟营销需要先开通联盟营销，根据经营大类佣金比例的要求，设置默认全店联盟佣金比例。其具体操作如下：

1. 进入店铺后台，在"营销活动"模块中选择"联盟营销"选项，按照指示的流程阅读并同意协议，加入联盟。

2. 创建单品营销计划，设置主推产品佣金比例(佣金比例要高于默认佣金比例)。

8.3 联盟营销报表查看

任务分析

联盟计划创建完成之后，若想要关注推广的效果，了解哪些订单是通过联盟营销带来的，知晓每一笔订单需要支付多少佣金，了解下单、结算佣金分别是什么时间等，则需在联盟报表中查看。联盟营销的报表包括：店铺效果报表、营销品(爆款和主推款产品)报表和买手营销报告。本节将以店铺效果报表为例进行说明。

任务实施

(1) 登录"卖家中心"，在"营销活动"下拉项中选择"联盟营销"选项，点击"店铺效果报表"按钮，生成的店铺效果报表如图 8-17 所示。

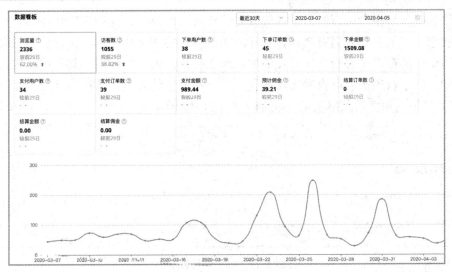

图 8-17 店铺效果报表

注:

① 在店铺效果报表中,可以根据需求选择查看的时间:最近 7 天、最近 15 天、最近 30 天或本月,同样也可以自行选择起始时间和结束时间进行查看。

② 查看维度包括浏览量、访客数、下单用户数、支付用户数、下单订单数、下单金额、支付订单数、支付金额、预计佣金、结算订单数、结算金额和结算佣金。

(2) 查看报表明细(将店铺的各项数据具体划分到选定的时间段内的每一天),如图 8-18 所示。

报表明细 2020-03-07 ~ 2020-04-05			下载报表
统计时间	浏览量	访客数	支付订单数	预计佣金
2020-04-05	62	31	0	0.00
2020-04-04	37	16	0	0.00
2020-04-03	53	25	0	0.00
2020-04-02	58	30	0	0.00
2020-04-01	64	35	0	0.00
2020-03-31	185	70	5	4.43
2020-03-30	72	44	1	4.39
2020-03-29	28	22	0	0.00
2020-03-28	52	33	0	0.00
2020-03-27	66	30	1	1.27
2020-03-26	248	75	6	3.78
2020-03-25	64	39	1	0.63
2020-03-24	94	44	1	0.63
2020-03-23	208	77	5	4.43

图 8-18 查看报表明细

注: 如果需要查看的报表时间较长,卖家可以点击"下载报表"按钮,下载所有的数据进行查看。

利用店铺效果报表可查看整个店铺联盟营销推广的效果，各指标的数据都是被汇总起来的，卖家可以从三个方面直观地查看相应的数据：各指标的概览、指标趋势图和报表明细。利用营销品报表可查看卖家设置的爆款和主推产品的营销效果，其他产品的效果不做展示。利用买手营销报表可查看卖家设置买手产品的营销效果，数据指标与其他两种报表(店铺的效果报表和营销品报表)有些差异，如图 8-19 所示。

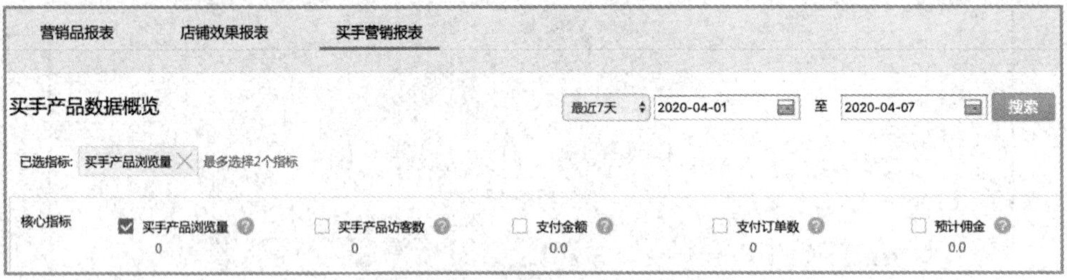

图 8-19　买手营销报表

注：

① 买手效果报表指标包括：买手产品浏览量、买手产品访客数、支付金额、支付订单数和预计佣金，卖家一次最多可以查看两个指标。

② 买手产品浏览量：统计时间段内通过联盟渠道买手产品宝贝详情页被访问次数。

买手产品访客数：统计时间段内通过联盟渠道访问店铺买手产品宝贝详情页的去重人数。

支付金额：统计时间段内通过联盟渠道带来的买手产品订单中，支付成功订单的金额(不包含运费)。

支付订单数：统计时间段内通过联盟渠道带来的买手产品订单中，支付成功订单的数量。

预计佣金：统计时间段内通过联盟渠道带来的买手产品订单中，通过支付成功订单的金额计算出的佣金金额。

③ 卖家可选择查看的时间段为：最近 7 天、最近 15 天、本月和过去三个月，卖家可以自定义选择起始日期和结束日期进行查看。

本 章 小 结

本章讲述了速卖通的另一种营销推广方式——联盟营销，从联盟营销的加入，到联盟计划的设置，再到营销报表的查看和联盟营销的退出流程进行讲解，帮助卖家获取更多的站外流量。尤其对于新入驻的卖家来说，它是一种很不错的推广方式，可以让店铺和产品快速获得曝光。

课 后 思 考

一、填空题

1. 速卖通联盟营销的扣费方式是＿＿＿＿＿＿＿。

2．联盟营销加入_____后才能退出。

3．单品营销计划中可以添加主推产品的最大限额为_____。

4．佣金比例设置的要求为_____。

5．爆品计划可设置的佣金比例范围是_____。

二、选择题

1．以下不可以作为佣金比例的是(　　)。

    A．5.5　　　　　　B．7　　　　　　C．8.8　　　　　　D．10

2．联盟营销订单追踪期是(　　)天。

    A．15　　　　　　B．12　　　　　　C．10　　　　　　D．7

3．以下不属于效果报表可查看的指标的是(　　)。

    A．浏览量　　　　B．曝光量　　　　C．访客数　　　　D．订单数

4．以下不是效果报表可查看的时间的是(　　)。

    A．过去三个月　　B．最近一个月　　C．本月　　　　　D．最近 7 天

5．下列关于佣金支付说法正确的是(　　)。

    A．按照订单金额计算　　　　　　B．按照产品零售价计算

    C．按照商品成交金额计算　　　　D．不计算产品发货运费

三、能力拓展

1．开通联盟营销，设置店铺的默认佣金和类目佣金。

2．选择店铺的爆款产品和主推产品设置佣金比例，并说明设置缘由。

3．计算已设置好的联盟营销计划中每一款产品的佣金。

第9章 速卖通物流

项目介绍

随着前期运营方案的实施，店铺的流量在不断地增加，订单数也从原来的几天一单逐步地增加。同事们的辛苦努力总算看到了成效，但是 Lucas 却愁眉未展。订单的增加对于店铺来说是一个很好的发展状况，但是发货也成了眼前面临的最大问题，该选择什么物流方式处理来自不同国家的订单才能够安全有效地将货物送到买家的手里呢？

物流发货是电商运营中很重要的一个环节。物流发货包括的环节有：订单货物的打包、物流方式的选择、了解各物流方式的收费标准以及货物运费的计算等。物流模板设置是否准确直接关系到店铺能否盈利。本章将介绍速卖通平台的物流方式、物流方案的查询和设置以及订单的发货流程。

本章所涉及任务：

➤ 工作任务一：使用 AliExpress 无忧物流发货；

➤ 工作任务二：使用其他常用物流发货；

➤ 工作任务三：查询物流方案；

➤ 工作任务四：设置物流模板；

➤ 工作任务五：店铺订单发货；

➤ 工作任务六：设置海外仓。

【知识点】

1. 无忧物流-简易；

2. 无忧物流-标准；

3. 无忧物流-自提；

4. 无忧物流-优先；

5. 无忧集运；

6. 中国邮政挂号小包；

7. e 邮宝；

8. 中邮 e 邮宝；

9. FedEx；

10. UPS。

【技能点】

1. 查询物流方案；

2．设置物流模板；

3．订单发货；

4．海外仓设置。

9.1 AliExpress 无忧物流

任务分析

为确保卖家可以放心地在速卖通平台上经营，并帮助卖家降低物流不可控因素的影响，全球速卖通及菜鸟网络联合推出官方物流服务——AliExpress 无忧物流，为速卖通卖家提供包括稳定的国内揽收、国际配送、物流详情追踪、物流纠纷处理以及售后赔付在内的一站式物流解决方案。

任务实施

无忧物流具有渠道稳定、时效快、运费优惠、操作简单以及平台承担售后和赔付保障的优势。物流方案分为 AliExpress 无忧物流-优先、AliExpress 无忧物流-标准、AliExpress 无忧物流-自提、AliExpress 无忧物流-简易和无忧集运四种方式。

1. AliExpress 无忧物流-优先

Aliexpress 无忧物流-优先(AliExpress Premium Shipping)是菜鸟网络推出的优质物流服务，为速卖通卖家提供国内揽收、国际配送、物流详情追踪、物流纠纷处理以及售后赔付的一站式物流解决方案。

1）线路介绍

(1) 渠道稳定且时效快：菜鸟网络与优质物流商合作，搭建覆盖全球的物流配送服务。通过领先业内的智能分单系统，根据目的国、品类、重量等因素，匹配出最佳物流方案，核心国家预估时效为 16～35 天。

(2) 操作简单：一键选择无忧物流即可完成运费模板配置，深圳、广州、义乌等重点城市提供免费上门揽收服务。

(3) 平台承担售后：物流纠纷无需卖家响应，直接由平台介入核实物流问题并判责。因物流原因导致的纠纷、DSR 低分不计入卖家账号考核。

(4) 交寄便利：北京、深圳、广州、东莞、佛山、汕头、中山、珠海、江门、义乌、金华、杭州、宁波、温州(乐清)、上海、昆山、南京、苏州、无锡、福州、厦门、泉州、惠州、莆田、青岛、长沙、武汉、郑州、成都、葫芦岛兴城以及保定白沟提供上门揽收服务，非揽收区域卖家可自行寄送至揽收仓库。

(5) 赔付无忧：物流原因导致的纠纷退款由平台承担，赔付上限为1200元人民币。

2) 运送范围及价格

(1) 运送范围：全球176个国家及地区。

注：

a. 危地马拉因当地罢工导致寄往当地的服务暂停，恢复时间待定。

b. 英国寄往当地的服务暂停，恢复时间待定。

(2) 物流报价如下：

① 俄罗斯：首重100 g，续重100 g，最大支持到30 kg，以实际重量计费(不收取燃油费)。价格如表9-1所示。

表9-1　俄罗斯无忧优先价格表

国家列表			配送服务费 (根据包裹重量按100 g计费) 元(RMB)/kg	挂号服务费 元(RMB)/包裹
Russian Federation	RU	俄罗斯	59	29

② 俄罗斯以外其他国家：30 kg及以下，首重500 g，续重500 g；30～70 kg按公斤计费。俄罗斯以外其他国家，以体积重和实际重量的较大者为计费重，体积重计算方式为：长(cm)×宽(cm)×高(cm)/5000，计算后的单位为kg (此报价不含燃油费，燃油费另外收取)，具体价格参见附录7。

对于超区超规格包裹，需要收取附加费，附加费类型明细如表9-2所示。

表9-2　附加费类型明细表

序号	附加费类型	收取方案
1	超尺寸附加费	优先服务暂不接收超尺寸货物 俄罗斯：任意单边长≤120 cm，三边长之和≤270 cm，最小面周长≥14 cm；其他国家：任意单边长≤120 cm
2	偏远地区附加费	暂不收取
3	目的国海关税金	目的国税金会先向买家收取，如产生买家拒付税金情况，由卖家承担
4	周末派送费	暂不收取
5	地址修改费	暂不收取
6	退运费及对应进口关税	退回运费暂不收取，进口税金由卖家承担

注：价格生效时间为2019年04月10日。

(3) 时效：各国家无忧优先快递时效如表9-3所示。

表 9-3　无忧物流-优先物流时效

国　　家	预计时效	承诺时效
西班牙、法国、德国、美国、英国、以色列、意大利、加拿大、澳大利亚、比利时、爱沙尼亚、印度、印度尼西亚、日本、柬埔寨、马来西亚、墨西哥、缅甸、新西兰、菲律宾、波兰、新加坡、韩国、瑞典、泰国、越南、文莱	4～10 天	20 天
俄罗斯、阿富汗、阿尔巴尼亚、东萨摩亚(美)、安道尔、安圭拉岛(英)、安提瓜和巴布达、奥地利、巴林、根西岛(英)、孟加拉国、巴巴多斯、伯利兹、贝宁、百慕大群岛(英)、不丹、玻利维亚、波斯尼亚和黑塞哥维那、博茨瓦纳、保加利亚、布基纳法索、布隆迪、喀麦隆、加那利群岛、佛得角、开曼群岛(英)、乍得、智利、哥伦比亚、科摩罗、刚果、科克群岛(新)、哥斯达黎加、克罗地亚、塞浦路斯、捷克、刚果(金)、丹麦、吉布提、多米尼克国、多米尼加共和国、埃及、萨尔瓦多、赤道几内亚、厄立特里亚、埃塞俄比亚、福克兰群岛、法罗群岛(丹)、斐济、芬兰、法属波里尼西亚、加蓬、冈比亚、格鲁吉亚、加纳、直布罗陀(英)、希腊、格陵兰岛、格林纳达、瓜德罗普岛(法)、关岛(美)、几内亚、几内亚比绍、法属圭亚那、圭亚那、海地、洪都拉斯、匈牙利、冰岛、爱尔兰、科特迪瓦、牙买加、泽西岛(英)、约旦、肯尼亚、基里巴斯、吉尔吉斯斯坦、老挝、拉脱维亚、莱索托、利比里亚、列支敦士登、立陶宛、卢森堡、马达加斯加、马拉维、马尔代夫、马里、马耳他、马绍尔群岛、马提尼克(法)、毛里塔尼亚、毛里求斯、马约特岛、密克罗尼西亚(美)、蒙古、黑山、蒙特塞拉特岛(英)、摩洛哥、莫桑比克、瑙鲁、尼泊尔、荷兰、新喀里多尼亚群岛(法)、尼加拉瓜、尼日尔、纽埃岛(新)、挪威、阿曼、巴基斯坦、巴拿马、巴布亚新几内亚、波多黎各(美)、卡塔尔、摩尔多瓦、留尼汪岛、卢旺达、圣卢西亚、圣文森特岛(英)、西萨摩亚、圣马力诺、圣多美和普林西比、塞内加尔、塞尔维亚、塞舌尔、塞拉利昂、斯洛伐克、斯洛文尼亚、所罗门群岛、索马里、斯里兰卡、苏里南、斯威士兰、瑞士、巴哈马国、东帝汶、多哥、汤加、特立尼达和多巴哥、特克斯和凯科斯群岛(英)、图瓦卢、阿拉伯联合酋长国、坦桑尼亚、乌兹别克斯坦、瓦努阿图、维尔京群岛(英)、维尔京群岛(美)、赞比亚、南苏丹	8～15 天	35 天

注：无忧物流的承诺运达时间由平台承诺，卖家不能修改。因物流原因导致的纠纷退款由平台承担。

2. AliExpress 无忧物流-标准

Aliexpress 无忧物流-标准(AliExpress Standard Shipping)是菜鸟网络推出的优质物流服务，为速卖通卖家提供国内揽收、国际配送、物流详情追踪、物流纠纷处理以及售后赔付的一站式物流解决方案。

1) 线路介绍

(1) 渠道稳定且时效快：菜鸟网络与优质物流商合作，搭建覆盖全球的物流配送服务。通过领先业内的智能分单系统，根据目的国、品类、重量等因素，匹配出最佳物流方案，核心国家预估时效为 16～35 天。

(2) 操作简单：一键选择无忧物流即可完成运费模板配置，深圳、广州、义乌等重点城市提供免费上门揽收服务。

(3) 平台承担售后：物流纠纷无需卖家响应，直接由平台介入核实物流问题并判责。因物流原因导致的纠纷、DSR低分不计入卖家账号考核。

(4) 交寄便利：北京、深圳、广州、东莞、佛山、汕头、中山、珠海、江门、义乌、金华、杭州、宁波、温州(乐清)、上海、昆山、南京、苏州、无锡、福州、厦门、泉州、惠州、莆田、青岛、长沙、武汉、郑州、成都、葫芦岛兴城以及保定白沟提供上门揽收服务，非揽收区域卖家可自行寄送至揽收仓库。

(5) 赔付无忧：物流原因导致的纠纷退款由平台承担，赔付上限为800元人民币。

注：对于美国时间2017年9月10日0:00起支付成功的订单，AliEpress无忧物流标准类最高赔付标准将有所调整。

2) 运送范围及价格

(1) 运送范围：全球254个国家及地区，其中俄罗斯自提服务覆盖俄罗斯本土66个州，183个城市的近800个自提柜，法国自提支持法国本土全境，目前不包括科西嘉岛等外岛。

注：

① 也门因政治局势不稳，寄往当地的邮政大包、小包、EMS、无忧物流等服务暂停，恢复时间待定。

② 危地马拉因当地罢工导致寄往当地的服务暂停，恢复时间待定。

(2) 计费方式：小包1g起重，每1g计重；大包500g起重，每500g计重，不足500g按500g计费。部分国家不支持寄送大包货物。

① 小包计费：包裹申报重量≤2kg，且包裹实际重量≤2kg，且包裹单边长度≤60cm，且包裹长+宽+高≤90cm。

② 大包计费：包裹申报重量＞2kg，或包裹实际重量＞2kg，或包裹单边长度＞60cm，或包裹长+宽+高＞90cm。

③ 邮箱件和非邮箱件(仅暂支持荷兰)：邮箱件的包裹高度≤2.7cm且长、宽尺寸≤20cm×30cm。邮箱件直接投入收件人信箱，投递成本更低。非邮箱件的包裹高度＞2.7cm或长、宽尺寸＞20cm×30cm。

价格明细见附录7。

注：仓库根据包裹入库时的重量和尺寸计算运费。同时，如果包裹超出原物流渠道寄送限制，仓库会重新分配物流渠道和计算运费，实际支付运费有可能高于试算运费。

例如，卖家小清的订单包裹重量＜2kg，同时包裹单边长度＞60cm，或包裹长+宽+高＞90cm，则该单会通过无忧物流中大包进行寄送，运费高于小包运费。如卖家需要通过小包发货，请确保包裹符合小包寄送要求。

无忧标准—俄罗斯自提服务不提供"海外无法投递服务"，即无法投递时默认统一按照"销毁"方案处理。

3) 时效

(1) 预计时效如下：

① 正常情况：16～35 天左右到达目的地。

② 特殊情况除外(包括但不限于不可抗力、海关查验、政策调整以及节假日等)。

(2) 承诺时效如下：

巴西承诺运达时间为 90 天内，其他国家承诺运达时间为 60 天内。

注：无忧物流的承诺运达时间由平台承诺，卖家不能修改。因物流原因导致的纠纷退款由平台承担。对于美国时间 2017 年 9 月 10 日 0:00 起支付成功的订单，AliEpress 无忧物流标准类最高赔付标准将有所调整。

3. AliExpress 无忧物流-自提

AliExpress 无忧物流-自提(AliExpress PUDO Shipping)是专门针对速卖通卖家的，能够放入目的国自提柜中的包裹推出的快速类自提物流服务。

1) 线路介绍

(1) 渠道稳定且时效快：菜鸟网络与优质物流商合作，采用优质干线资源运输，快速运输到俄罗斯与当地的快递公司合作完成清关配送服务，正常情况下 15～20 天可以实现俄罗斯大部分地区妥投。

(2) 操作简单：一键选择无忧物流即可完成运费模板配置，深圳、广州、义乌等重点城市提供免费上门揽收服务。

(3) 平台承担售后：物流纠纷无需卖家响应，直接由平台介入核实物流问题并判责。因物流原因导致的纠纷、DSR 低分不计入卖家账号考核。

(4) 交寄便利：北京、深圳、广州、东莞、佛山、汕头、中山、珠海、江门、义乌、金华、杭州、宁波、温州(乐清)、上海、昆山、南京、苏州、无锡、福州、厦门、泉州、惠州、莆田、青岛、长沙、武汉、郑州、成都、葫芦岛兴城以及保定白沟等提供上门揽收服务，非揽收区域卖家可自行寄送至揽收仓库。

2) 运送范围及价格

(1) 运送范围：俄罗斯本土 66 个州，183 个城市的近 800 个自提柜。

(2) 价格及计费方式如下：

俄罗斯：首重 100 g，续重 1 g，最大支持到 15 kg，以实际重量计费(不收取燃油费)尺寸：长(cm) × 宽(cm) × 高(cm)，不得超过 60 cm × 36 cm × 36 cm，具体费用如表 9-4 所示。

表 9-4　无忧物流-自提价格

国家/地区列表			配送服务费 (根据包裹重量按 1 g 计费) 元(RMB)/kg	挂号服务费 元(RMB)/包裹
Russian Federation	RU	俄罗斯	49.8	15

3) 时效

(1) 预计时效如下：

正常情况下，主要城市 8～15 天左右到达目的地，偏远城市 30 天左右到达，特殊情况除外(包括但不限于不可抗力、海关查验、政策调整以及节假日等)。

(2) 承诺时效：俄罗斯地区 35 天内。

注：无忧物流的承诺运达时间由平台承诺，卖家不能修改。因物流原因导致的纠纷退款由平台承担，无忧自提物流赔付上限为 1200 元人民币。

4. AliExpress 无忧物流-简易

AliExpress 无忧物流-简易(AliExpress Saver Shipping)是专门针对速卖通卖家，重量为俄罗斯、乌克兰＜2000 g、西班牙＜500 g，白俄罗斯＜2000 g，智利＜2000 g，订单成交金额≤5 美元(西班牙≤10 美元)的小包货物推出的简易挂号类物流服务。

1) 线路介绍

(1) 物流信息可查询：提供出口报关、国际干线运输、到达俄罗斯、到达目的地邮局、买家签收等关键环节的追踪和查询，采用优质干线资源运输和俄罗斯邮政专属的清关配送服务，正常情况下 15～20 天可以实现俄罗斯、乌克兰大部分地区妥投，20～25 天可以实现西班牙、白俄罗斯大部分地区妥投，30～40 天可以实现智利大部分地区妥投。

(2) 操作简单：一键选择无忧物流即可完成运费模板配置，深圳、广州、义乌等重点城市提供免费上门揽收服务。

(3) 平台承担售后：物流纠纷无需卖家响应，直接由平台介入核实物流问题并判责。因物流原因导致的纠纷、DSR 低分不计入卖家账号考核。

(4) 交寄便利：北京、深圳、广州、东莞、佛山、汕头、中山、珠海、江门、义乌、金华、杭州、宁波、温州(乐清)、上海、昆山、南京、苏州、无锡、福州、厦门、泉州、惠州、莆田、青岛、长沙、武汉、郑州、成都、葫芦岛兴城以及保定白沟等城市提供上门揽收服务，非揽收区域卖家可自行寄送至揽收仓库。

(5) 赔付无忧：物流原因导致的纠纷退款由平台承担，赔付上限为 35 元人民币。

2) 运送范围及价格

(1) 运送范围：俄罗斯、西班牙、乌克兰、白俄罗斯本土以及智利全境邮局可到达区域。

(2) 计费方式：俄罗斯、乌克兰以及白俄罗斯地区的运费根据包裹重量按 g 计费，1 g 起重，每个单件包裹限重在 2000 g 以内；西班牙地区的运费根据包裹重量按 g 计费，1 g 起重，每个单件包裹限重在 500 g 以内。报价如表 9-5、表 9-6 所示。

表 9-5 乌克兰、俄罗斯以及白俄罗斯无忧简易报价

国家/地区列表			小包普货计费		小包带电线路计费	
			2 kg 以内(包含 2 kg)		2 kg 以内(包含 2 kg)	
			配送服务费 元(RMB)/kg	挂号服务费 元(RMB)/包裹	配送服务费 元(RMB)/kg	挂号服务费 元(RMB)/包裹
Russian Federation	RU	俄罗斯	92.0	4.5	113	6
Ukraine	UA	乌克兰	106.5	4.6	—	—
Belarus	BY	白俄罗斯	113.3	3.5	—	—

表 9-6　西班牙无忧简易报价

国家/地区列表			500 g 以内(包含 500 g)	
			配送服务费元(RMB)/kg	挂号服务费元(RMB)/包裹
Spain	ES	西班牙	60.0	7.8

3) 时效

(1) 预计时效如下:

俄罗斯地区正常情况下 15～20 天可以实现大部分地区妥投,个别偏远地区可妥投时间在 20～35 天;白俄罗斯地区正常情况下 25～30 天可以实现大部分地区妥投,个别偏远地区可妥投时间在 30～40 天;西班牙预计包裹自揽收或签收成功起 21 天内可派送到收货人邮政信箱,特殊情况除外(包括但不限于不可抗力、海关查验、政策调整以及节假日等)。智利地区正常情况下 30～40 天可以实现大部分地区妥投。

(2) 承诺时效:承诺运达时间为 60 天内。

5. 无忧集运

无忧集运(Cainiao Consolidation)是菜鸟网络推出的集运物流服务,即在跨境一般模式基础上,通过菜鸟集货合单升级物流方式,为速卖通卖家提供国内揽收、集货仓集货、国际配送、物流详情追踪以及由平台进行物流纠纷处理、售后赔付的一站式集运物流解决方案。2019 年,在原有的买家在线支付的模式下,速卖通平台针对中东地区消费者的偏好,提供货到付款(Cash On Delivery,COD)服务,以进一步开拓这个购买力强劲的区域。

1) 线路介绍

(1) 渠道稳定且时效快:菜鸟网络与优质物流商合作,借助集运系统进行集货合单操作,将跨境邮政小包升级为商业快递,一期上线中东阿拉伯联合酋长国和沙特阿拉伯两国,平均时效为 15～23 天。当前,菜鸟网络针对该线路提供买家在线支付和货到付款两种物流服务。

(2) 操作简单:商家无须配置运费模板,只需创建物流订单,深圳、广州、义乌等重点城市提供免费上门揽收服务。

(3) 平台承担售后:物流纠纷无需卖家响应,直接由平台介入核实物流问题并判责。因物流原因导致的纠纷、DSR 低分不计入卖家账号考核。

(4) 交寄便利:北京、深圳、广州、东莞、佛山、汕头、中山、珠海、江门、义乌、金华、杭州、宁波、温州(乐清)、上海、昆山、南京、苏州、无锡、福州、厦门、泉州、惠州、莆田、青岛、长沙、武汉、郑州、成都、葫芦岛兴城以及保定白沟提供上门揽收服务,非揽收区域卖家可自行寄送至揽收仓库。

(5) 赔付无忧:物流原因导致的纠纷退款由平台承担,赔付上限为 300 元人民币。

2) 运送范围及价格

(1) 运送范围:阿拉伯联合酋长国和沙特阿拉伯。

(2) 计费方式:运费根据包裹重量按 g 计费,1 g 起重,每个单件包裹限重在 30 kg 以内(包括 30 kg)。报价明细如表 9-7 所示。

表 9-7 无忧集运运费报价

国家/地区列表	实际订单支付金额	配送服务费 元(RMB)/kg	挂号服务费 元(RMB)/单
阿拉伯联合酋长国	0~5 美元(含)	66	6
	5 美元以上	66	16
沙特阿拉伯	0~5 美元(含)	66	6
	5 美元以上	66	16

(3) 费用计算如表 9-8 所示。

表 9-8 无忧集运费用计算表

类 型	卖家需支付费用		
	正向物流费用	VAT(增值税)费用	其他费用
预付情况下买家满包邮订单	无忧集运标准计费方式	海关认定的申报价值×5%	无
预付情况下买家未满包邮订单	无忧集运标准计费方式	海关认定的申报价值×5%	配送附加费
COD 情况下买家满包邮订单	无忧集运标准计费方式	海关认定的申报价值×5%	COD 服务费
COD 情况下买家未满包邮订单	无忧集运标准计费方式	海关认定的申报价值×5%	COD 服务费+配送附加费

注:

① 对于未满足两国包邮额度的订单,买家下单时会向商家支付额外运费 6 美元(阿联酋)或 10 美金(沙特),平台扣除佣金后,卖家账户实收 5.7 美元(阿联酋)或 9.5 美元(沙特),菜鸟在收取正向配送费的同时也会向商家收取这部分额外运费,费用项名称为配送附加费。该费用优先以人民币扣除,汇率以中国银行每月 1 号发布的美元现汇卖出价作为美元兑换人民币的固定月汇率,计算配送附加费并向商家端收取。COD 服务费和配送附加费的实际费用由买家承担,买家支付给速卖通平台,平台放款至卖家账户,菜鸟通过卖家账户进行扣费。

② VAT 费用会在正向配送费扣取时同时收取,VAT 金额通过商品申报价值×5%计算得到,卖家应如实填写商品申报价值。

③ 如果是尖货仓发出的石油订单,除了以上的费用之外,还应收取尖货仓的订单处理费。

④ COD服务费指消费者从多个商家处购买商品且与商家缔结了包含石油集运COD服务的消费订单所产生的服务费用,则 COD 服务费将在所有参与该订单的卖家间,在封顶报价(7 美金)的前提下进行平均分摊。

总体计算公式为：

$$分摊费用 = \frac{买家支付的COD服务费}{买家下单时的商家总数 \times 该商家集运成功的一段LP总数}$$

卖家纬度扣款计算公式：

$$卖家实扣COD服务费 = \frac{买家支付的\ COD\ 服务费}{买家下单时的商家总数}$$

卖家一段 LP 纬度扣款计算公式：

$$单个一段LP实扣COD服务费 = \frac{卖家实扣COD服务费}{该商家集运成功的一段LP总数}$$

其中：买家支付的 COD 服务费 = 7 美元，买家下单时的商家总数 = 买家下单时同一购物车中商家的总数。

下面通过一个运费为 7 美元的例子计算无忧集运物流费用的分配，如图 9-1 所示。

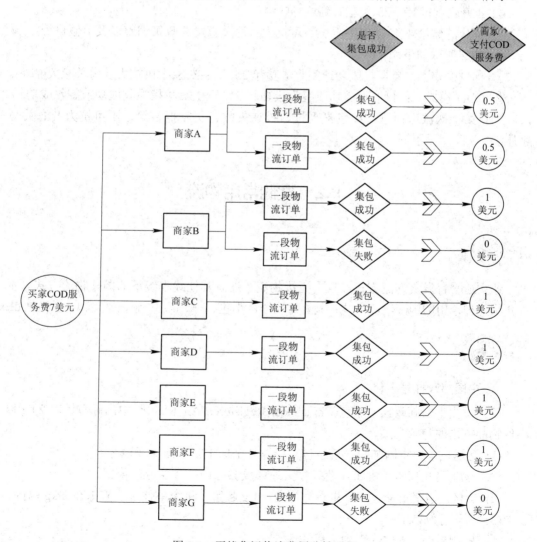

图 9-1　无忧集运物流费用分摊明细

COD 服务的物流供应商一般会在完成妥投后的 7 个工作日完成清算。下面，对上文公式中的部分指标解释如下：

该商家集运成功的一段 LP 总数：COD 服务费以商家数量进行计算，之后再折算到每个集运成功的一段物流订单(即商家从国内发货，自己创建的物流订单)。如果商家没有集运成功一段物流订单，则无需缴纳 COD 服务费(如示例中商家 G)；如果商家有多个一段物流订单都集运成功，则该商家的 COD 服务费将平摊到每个一段物流订单进行收取(如示例中商家 A)；如果商家有多个一段物流订单，但只有部分一段物流订单集运成功，则该商家的 COD 服务费将体现在集运成功的一段物流订单包裹收费中(如示例中商家 B)。如果出现无法除尽的情况，则向下取整。

一段 LP：指由商家自己创建的从国内发出的物流订单。

3) 时效

(1) 预计时效如下：

① 正常情况：15～23 天左右到达目的地。

② 特殊情况除外(包括但不限于不可抗力、海关查验、政策调整以及节假日等)。

(2) 承诺时效如下：

① 预付模式下：自揽收成功或签收成功起 25 天内必达(不可抗力及海关验关除外)。

② COD 模式下：自揽收成功或签收成功起 27 天内必达(指揽收成功或签收成功起 27 天内回传第一次派送信息，如包裹妥投、投递失败、买家拒签等，不可抗力及海关验关除外)。

9.2 其他常用物流

任务分析

速卖通平台发货物流方式不仅有无忧物流，还有其他线上线下的国际物流方式。本节将介绍几种常用的国际物流方式：中国邮政挂号小包、e 邮宝、中邮 e 邮宝、UPS 和 FedEx。

任务实施

1. 中国邮政挂号小包

线上发货中国邮政挂号小包(China Post Registered Air Mail)是中国邮政针对 2 kg 以下小件物品推出的空邮产品。

(1) 运送范围：中国邮政挂号小包支持发往全球 177 个国家及地区。

注：危地马拉因当地罢工导致寄往当地的服务暂停，恢复时间待定。

(2) 价格：运费根据包裹重量按克计费，1 g 起重。每个单件包裹限重在 2 kg 以内。

(3) 预计时效如下：

① 正常情况：16～35 天到达目的地。

② 特殊情况：35～60 天到达目的地，特殊情况包括：节假日、政策调整、邮寄地属于偏远地区等。

(4) 承诺时效：物流商承诺包裹自揽收或签收成功起 60 天内必达(不可抗力及海关验关除外)，因物流商原因在承诺时间内未妥投而引起的限时达纠纷赔款由物流商承担(按照订单在速卖通的实际成交价赔偿，最高不得超过 300 元人民币)。

(5) 揽收服务规范如下：

① 起揽标准：在揽收范围内，在起揽标准以上揽收均免费。

② 预约揽收：卖家在线创建揽收订单后，客服会在 24 小时内联系卖家，预约上门揽收时间。

(6) 备货要求如下：

① 卖家在线创建物流订单后，需要为每个小包裹打印并粘贴邮政一体化面单。

② 小包合并需要在大包上标明仓库，如"中国邮政挂号小包-北京仓"。大包内需要附上小包裹清单，标注出内含小包裹数量、每个小包的国际运单号以及卖家联系方式。

(7) 交接规范如下：

① 确认外包装完好。

② 卖家需向揽收人员提供交寄清单(内容包括卖家联系方式、大包裹件数、大包裹重量、小包票数、小包运单号清单和接收仓库)。卖家和揽收人员确认完毕并在交寄清单上签字留存。卖家务必自留一份交寄清单，以便后续稽核使用。

2．e 邮宝

线上发货 e 邮宝是中国邮政速递物流为适应国际电子商务轻小件物品寄递市场需要而推出的跨境国际速递产品，该产品以 EMS 网络为主要发运渠道，出口至境外邮政后，通过目的国邮政轻小件网投递邮件。e 邮宝能提供跨境电商平台和跨境卖家便捷、稳定、优惠的物流轻小件服务。

1) 运送范围及价格

(1) e 邮宝支持发往美国、英国、澳大利亚、加拿大、法国、俄罗斯、以色列、沙特阿拉伯、乌克兰、挪威、德国、巴西、韩国、马来西亚、新加坡、新西兰、意大利、卢森堡、荷兰、波兰、瑞典、土耳其、匈牙利、丹麦、瑞士、比利时、奥地利、芬兰、爱尔兰、葡萄牙、墨西哥、香港特别行政区、西班牙、希腊以及日本等 35 个国家和地区。

(2) 运费根据包裹重量按 g 计费，美国、俄罗斯、新西兰和日本按照 50 g 起重计费，乌克兰按照 10 g 起重计费，其他国家和地区无起重要求。

(3) 以色列每个单件包裹限重在 3 kg 以内，其他国家每个单件包裹限重在 2 kg 以内。

注： 以下报价为官方标准报价，仅供参考，具体的结算费用由卖家和线下中邮网点结算为准。

2) 时效

(1) 正常情况：7～10 个工作日到达目的地，俄罗斯、乌克兰和沙特 7～15 个工作日到达目的地。

(2) 特殊情况：15～20 个工作日到达目的地。特殊情况包括：生产旺季(如"双十一"

期间)、节假日、政策调整以及邮寄地属于偏远地区等。

3) 重量体积限制

e邮宝重量体积限制如表9-9所示。

表9-9　e邮宝重量体积限制表

包裹形状	重量限制	最大体积限制	最小体积限制
方形包裹	小于2 kg (不包含)	长 + 宽 + 高≤90 cm， 单边长度≤60 cm	至少有一面的长度≥14 cm， 宽度≥11 cm
圆柱形包裹		2倍直径及长度之和≤104 cm， 单边长度≤90 cm	2倍直径及长度之和≥17 cm， 单边长度≥11 cm

3. 中邮e邮宝

线上发货中国邮政速递物流国际e邮宝(简称为中邮e邮宝)是中国邮政速递物流为适应跨境电商轻小件物品寄递市场需要而推出的经济型国际速递业务，通过与境外邮政和电商平台合作，为中国跨境电商客户提供方便快捷、时效稳定、价格优惠、全程查询的寄递服务。

1) 运送范围

美国、俄罗斯、乌克兰、加拿大、英国、法国、澳大利亚、以色列、挪威和沙特阿拉伯十个国家。

2) 运送价格

运费根据包裹重量按g计费，美国、俄罗斯和乌克兰起重50 g，其他路向起重1 g，每个单件包裹限重在2 kg以内。价格明细如表9-10所示。

表9-10　中邮e邮宝报价表

国家/地区列表			起重 g	重量资费 元(RMB)/kg	操作处理费 元(RMB)/包裹
United States	US	美国	50	65	15
Russian Federation	RU	俄罗斯	1	55	17
Ukraine	UA	乌克兰	10	75	8
Canada	CA	加拿大	1	65	19
United Kingdom	UK	英国	1	65	17
France	FR	法国	1	60	19
Australia	AU	澳大利亚	1	60	19
Israel	IL	以色列	1	60	17
Norway	NO	挪威	1	65	19
Saudi Arabia	SA	沙特阿拉伯	1	50	26

3) 时效

(1) 正常情况：7～10 个工作日到达目的地，俄罗斯、乌克兰和沙特 7～15 个工作日到达目的地。

(2) 特殊情况：15～20 个工作日到达目的地。特殊情况包括：生产旺季(如"双十一"期间)、节假日、政策调整以及邮寄地属于偏远地区等。

4. UPS

UPS 即联合包裹服务公司，它是一家全球性的公司，也是世界上最大的快递承运商与包裹递送公司。

1) UPS 的业务类型

UPS 可以为客户提供 5 种保证确定日期和确定时间的全球快递服务，一般大部分货代公司都可以提供 UPS 的 4 种主要业务，即 UPS Worldwide Express Plus(全球特快加急服务)、UPS Worldwide Express (全球特快服务)、UPS Worldwide Express Saver(全球速快服务)以及 UPS Worldwide Expedited(全球快捷服务)。

上述 4 种业务中，在 UPS 货源单上，除了 UPS Worldwide Expedited 是用蓝色标记(即所谓的蓝单)外，另外 3 种都是用红色标记的。但是通常所说的红单是指 UPS Worldwide Express Saver。其中，UPS Worldwide Express Plus 的资费最高，UPS Worldwide Expedited 的资费最低，速度也最慢。全球速卖通平台主要采用的是 UPS Worldwide Express Saver 和 UPS Worldwide Expedited，即通常所说的红单和蓝单。

2) UPS 重量和体积限制

UPS 国际小型包裹服务一般不接收超重或超过尺寸标准的包裹，否则要对每个超重或超长的包裹收取相应的附加费(每个包裹最多收取一次超重超长费)。UPS 没有免抛的服务，所有包裹均需要计算体积和重量。货物体积和重量的计算公式如下：

$$体积(cm^3) \div 5000 = 重量(kg)$$

UPS Worldwide Express Saver 包裹尺寸重量限制如下：

(1) 单件包裹实际重量 < 70 kg(巴西不得超过 10 kg)。

(2) 单件包裹单边 < 270 cm。

(3) 单件包围长(围长 = 长 + 2 × 宽 + 2 × 高) < 419 cm。

3) 计费方式

卖家可登录 UPS 官网查询相关资费和进行货物跟踪查询。

在此，有一点值得注意，一票多件货物的总计费重量取运单内每个包裹的实际重量和体积重量中较大者，不足 0.5 kg 的按 0.5 kg 计算，超过 0.5 kg 的按 1 kg 计算。每票包裹的计费重量为该票包裹中每一件包裹的计费重量之和。

5. FedEx

FedEx 联邦国际快递是一家国际性速递集团，提供的服务有隔夜快递、地面快递、重型货物运送、文件复印及物流服务。

FedEx 线上发货的主要优势航线为亚洲和北美洲航线，如美国、加拿大、印度尼西亚、以色列等国家，最快时效 3 天即可完成递送，基本上国家或地区在无异常情况下 6 天左右可完成递送，清关能力相对较强。

1) FedEx 线上发货的服务类型

FedEx 线上发货为卖家提供了经济型服务(FedEx IE)和优先型服务(FedEx IP)两种服务，两种服务各自的优势如图 9-2 所示。

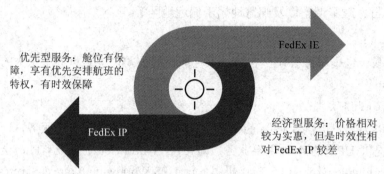

优先型服务：舱位有保障，享有优先安排航班的特权，有时效保障

FedEx IE

FedEx IP

经济型服务：价格相对较为实惠，但是时效性相对 FedEx IP 较差

图 9-2　FedEx 的物流类型

2) 尺寸重量限制

单个包裹单边≥270 cm 或围长(长 + 2 × 宽 + 2 × 高)≥330 cm 无法安排寄送。单个包裹实际重量≥68 kg 无法安排寄送。

3) 禁寄物品

(1) 涉及知识产权货物一律无法寄送。

(2) 电池以及带有电池货物无法寄送。

(3) 各寄达国(地区)禁止寄递进口的物品。

(4) 任何全部或部分含有液体、粉末、颗粒状、化工品、易燃、易爆违禁品以及带有磁性的产品(上海仓库可安排磁性检验后出运)均不予接收。

9.3　查询物流方案

任务分析

在了解几种常用的物流方式之后，很多新手卖家对于物流发货还是有一些疑问，不知道如何选择更好的物流方式，既可以节省运费，又能方便买家收货。本节将详细介绍如何查询物流方案，为卖家推荐更优质的物流方案。

任务实施

(1) 登录"卖家中心"，在"交易"模块中选择"物流"下拉项中的"物流方案查询"选项，或直接输入网址：https://ilogistics.aliexpress.com/recommendation_engine_public.htm?，如图 9-3 所示。

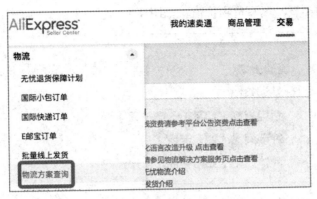

图 9-3 物流方案查询入口

(2) 选择收货地(货物送达目的地)和发货地(即货源地，默认中国，如果有入驻其他国家的海外仓，也可以进行选择)，如图 9-4 所示。主要收货地(国家)如图 9-5 所示。

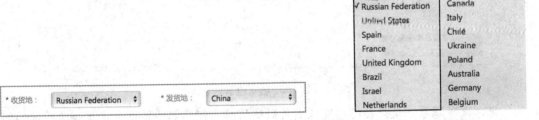

图 9-4 选择收货地和发货地

图 9-5 主要收货地(国家)

(3) 选择物流方案，默认全选，卖家可根据需要进行选择，如图 9-6 所示。

图 9-6 选择物流方案

(4) 选择货物类型，填写货物价值，如图 9-7 所示。

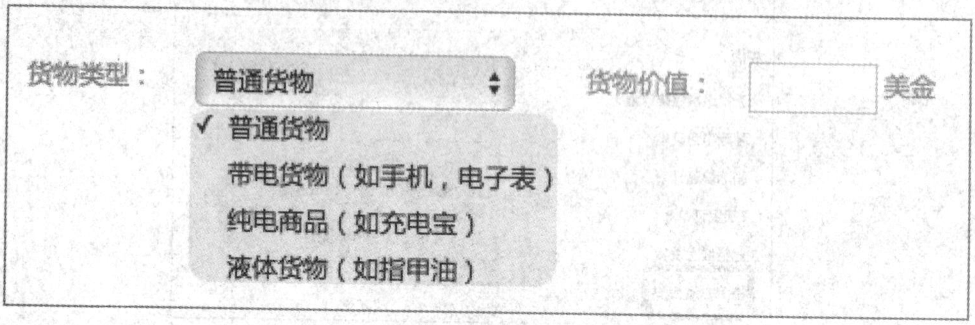

图 9-7　选择货物类型并填写货物价值

(5) 填写包裹信息(重量、长、宽、高)，如图 9-8 所示。

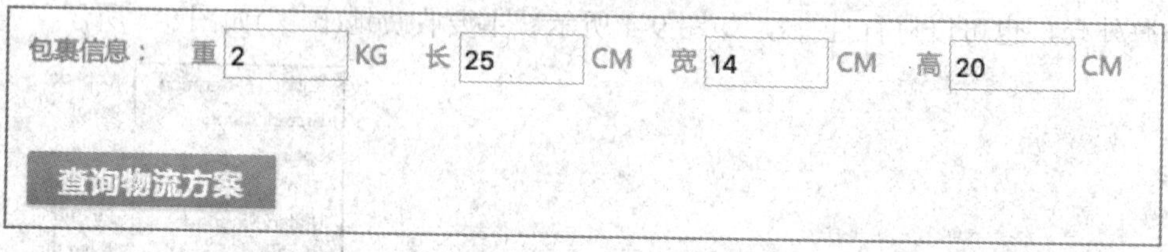

图 9-8　填写包裹信息

注：此处填写的是产品打包完成发货时的信息，信息填写错误会造成物流方案匹配错误，可能引起不必要的损失。

(6) 点击“查询物流方案”按钮，查看匹配结果明细。方案查询结果如图 9-9 所示。

方案查询结果　　前往设置运费模版

服务名称	全部类型	推荐指数	时效	未收到货物纠纷率	DSR物流	试算运费	更多信息
AliExpress 无忧物流-标准 平台推荐	标准	72	23 ~ 31天	低于平均54%	高于平均1%	CN￥148.05	支持线上发货 重量 <30KG 不支持纯电,液体包裹
EMS 平台推荐	快速	69	16 ~ 27天	高于平均41%	高于平均3%	CN￥244.00	支持线上发货 重量 <30KG 不支持带电,纯电,液体包裹
菜鸟专线经济 平台推荐	经济	66	40 ~ 60天	低于平均1%	低于平均1%	CN￥267.40	支持线上发货 不支持带电,纯电,液体包裹
AliExpress 无忧物流-优先	快速	69	17 ~ 24天	高于平均19%	高于平均2%	CN￥207.20	支持线上发货 订单金额 <600美金 重量 <69KG 不支持带电,纯电,液体包裹
菜鸟特货专线 - 标准	标准	69	35 ~ 53天	低于平均47%	低于平均3%	CN￥167.38	支持线上发货 不支持带电,纯电,液体包裹
e邮宝	标准	67	26 ~ 51天	高于平均37%	高于平均0%	CN￥127.00	支持线上发货 重量 <2KG 不支持带电,纯电,液体包裹
菜鸟超级经济	经济	65	50 ~ 70天	高于平均12%	低于平均2%	CN￥241.90	支持线上发货 不支持带电,纯电,液体包裹

图 9-9　查看物流方案查询结果

注：

① 平台会根据填写的发货信息推荐几种物流方式，建议卖家选择推荐的物流方式。

② 在图 9-9 中可以看到有一些物流方式没有详细的信息，这是因为这些物流方式上线时间＜60 天或最近 90 天发货包裹数＜10 000，因此暂不提供物流数据。

③ 运费试算根据卖家的包裹信息计算得出，不包含燃油附加费和偏远地区附加费，仅供参考，实际费用以物流商计算为准。

产品不同或收货地不同时，匹配的物流方式结果也都不一样，卖家可以根据以上流程分别查询不同的产品和收货地的物流方案，进行整理汇总。

9.4　设置物流模板

任务分析

在发布产品时可以选择运费模板，平台虽然提供一个新手运费模板可供选择，但是随着卖家店铺的发展以及物流商的变化，卖家需要及时地调整店铺的运费模板。

任务实施

(1) 登录"卖家中心"，在"商品管理"模块中选择"物流模板"选项，如图 9-10 所示。

图 9-10　创建物流模板

(2) 点击"新增运费模板"按钮，填写运费模板名称(只能输入英文和数字)，如图 9-11 所示。

图 9-11　填写运费模板名称

(3) 选择物流方式，设置运费和承诺运达时间，如图 9-12 所示。

图 9-12 选择物流方式、设置运费和承诺运达时间

注:

① 物流类型分为五类: 经济类、简易类、标准类、快速类和其他,查看物流方式时,会看到有一些物流方式是默认勾选的,这些是平台推荐的物流方式。

② 运费设置分为三种方式: 标准运费减免百分比、卖家承担运费和自定义运费。

③ 减免百分数是在物流公司的标准运费基础上给出的折扣。例如, 物流公司标准运费为US\$100, 卖家输入的减免百分数是 30%, 则买家实际支付的运费是 US\$100X(100%–30%)=US\$70。

④ 卖家承担运费即常说的“包邮”, 买家只需要支付所购买商品的金额, 无需另外支付邮费。

⑤ 运达时间设置: 卖家可以选择自定义运达时间, 也可以设置为系统默认的时间。

(4) 设置自定义运费: 按大洲选择国家, 红色字体的国家为热门国家(每个大洲主要买家来源国家), 如图 9-13 所示。

图 9-13 按大洲选择国家

注:

① 选择具体国家时，需要点击"显示全部"按钮，在展开选项中选择国家即可。

② 如果单独勾选某个大洲，则表示已选择该大洲所有的国家。

(5) 设置自定义运费：按区域选择国家，同一个区域内的国家物流收费标准相同，如图 9-14 所示。

图 9-14 按区域选择国家

注:

① 按区域选择国家时，可选择区域有四个：1 区包含 10 个国家，2 区包含 36 个国家，3 区包含 51 个国家，4 区包含 124 个国家。

② 每一个区域中最前面的国家是买家数量较多的国家。

(6) 国家选择完成之后，设置发货类型，如图 9-15 所示。

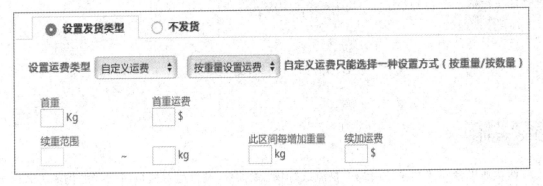

图 9-15 设置发货类型

注:

① 运费类型分为卖家承担运费和自定义运费两种。

② 运费设置方式分为按重量设置和按数量设置两种。

③ 按照重量设置运费时，需要设置首重及其运费和续重范围及其运费，在续重范围内，每增加的重量及其运费。

④ 按照数量设置运费时，需要设置首重最低采购数量、最高采购数量、首重运费、每增加产品数量以及续加运费。

(7) 设置不发货地区，如图 9-16 所示。

图 9-16   设置不发货

注：不论采用哪一种选择国家的方式，没有被选择的国家/地区将默认为不发货，所以在设置时需要注意。

(8) 物流方式设置完成之后，点击"保存"按钮(如图 9-17 所示)，新建运费模板便设置成功。

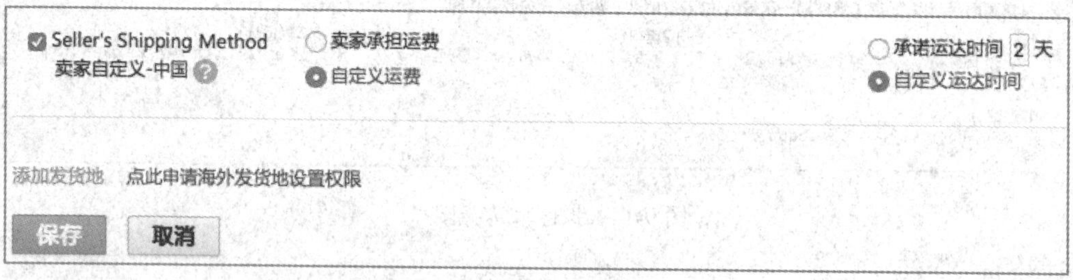

![图 9-17 保存设置]
- Seller's Shipping Method 卖家自定义-中国 ❓ ◯ 卖家承担运费 ● 自定义运费 ◯ 承诺运达时间 2 天 ● 自定义运达时间
- 添加发货地   点此申请海外发货地设置权限
- 保存   取消

图 9-17   保存设置

新的运费模板设置完成之后，卖家可以在"商品管理"模块中修改正在销售商品的运费模板"卖家中心"→"商品管理"模块→"正在销售"选项→点击每一款商品后面的"编辑"按钮→在"运费模板"模块中选择新建的运费模板→提交修改)，也可在新商品发布时选择运费模板。

9.5 订单发货

任务分析

速卖通平台建议卖家使用线上物流进行物流发货，设置运费模板时选择的物流方式多为线上物流，其目的是为了方便买家在购买时选择合适的物流。平台建议卖家使用买家下单时选择的物流方式进行发货。本节将介绍卖家应如何操作订单进行发货。

任务实施

1. 线上发货

线上发货不仅能够保证发货时效，若货物在运输过程中发生遗失、破损等问题，还可进行在线索赔。下面针对线上发货进行实操讲解。

(1) 登录"卖家中心"，在"交易"模块中查看所有订单，如图 9-18 所示。

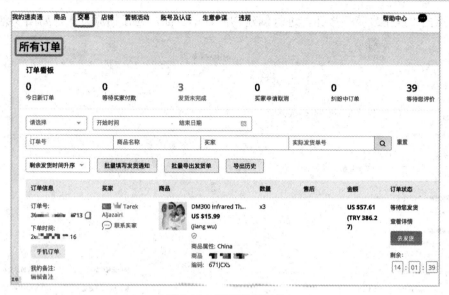

图 9-18　查看所有订单

注：

① 在所有订单中可以看到待发货订单、已发货未确认收货订单、未付款订单、已关闭订单以及交易完成的订单。

② 卖家可以看到每一笔订单的订单号、下单时间、买家 ID、产品名称、产品售价、购买数量、收件人姓名、收件人地址以及订单备注等内容。

(2) 点击"去发货"按钮，进入订单详情页面，如图 9-19 所示。

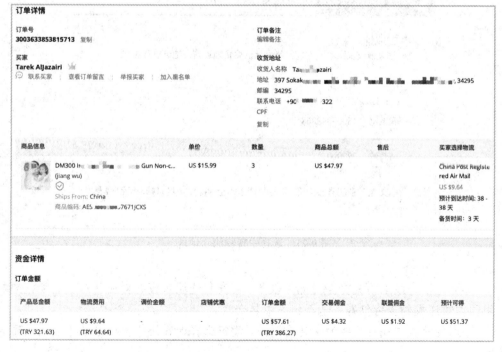

图 9-19　订单详情页面

(3) 点击"线上发货"按钮,进入创建物流订单页面,选择物流方式,如图 9-20 所示。

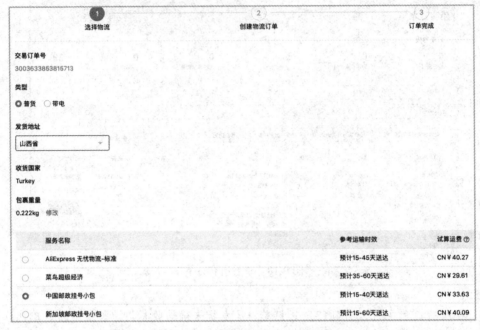

图 9-20　创建物流订单页面

(4) 点击"下一步,创建物流订单"按钮后,选择货物中转物流发货仓地址,如图 9-21 所示。

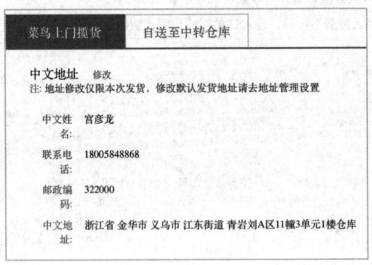

图 9-21　选择中转物流仓地址

注:

① 部分地区的线上物流有上门揽件服务,若发货地城市没有对应物流中转仓,卖家需要使用国内快递或物流将包裹寄送至相关中转仓。

② 不同的物流方式可选择的中转仓不同,卖家选择时需要提前联系该中转仓,确认相关事宜。

(5) 填写包裹信息(国内快递方式和运单号等)，如图 9-22 所示。

菜鸟上门揽货	自送至中转仓库

请选择自送或快递公司

送货方
式：　圆通速递　⌄

快递单
号：
输入快递单号

图 9-22　填写国内寄件包裹信息

注:

① 承运方是指包裹寄送至中转仓使用的国内快递，货运跟踪号即该快递的物流单号。

② 包裹件数是指寄送至中转仓时包裹的个数，如果是多个包裹需要填写多个货运跟踪号。

③ 若包裹中有易破损、易碎的货物，卖家需要在"是否易碎"选项后勾选"是"。

(6) 填写商品信息：中文商品描述、英文商品描述、海关商品编码和产品件数，如图 9-23 所示。除海关商品编码外，系统将自动抓取相关信息，卖家也可自行进行修改，卖家可在相关网站查询海关商品编码，如图 9-24 所示。

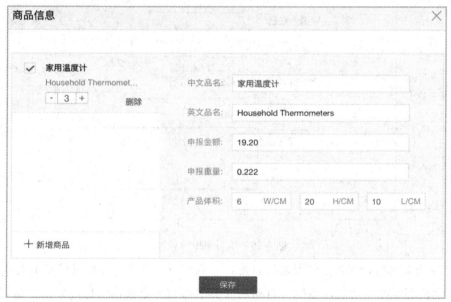

图 9-23　填写商品信息

注：此处填写的海关商品编码要求是 8 位数，如果查询结果是 10 位数，则需要在第八位数后面加小数点"."隔开。

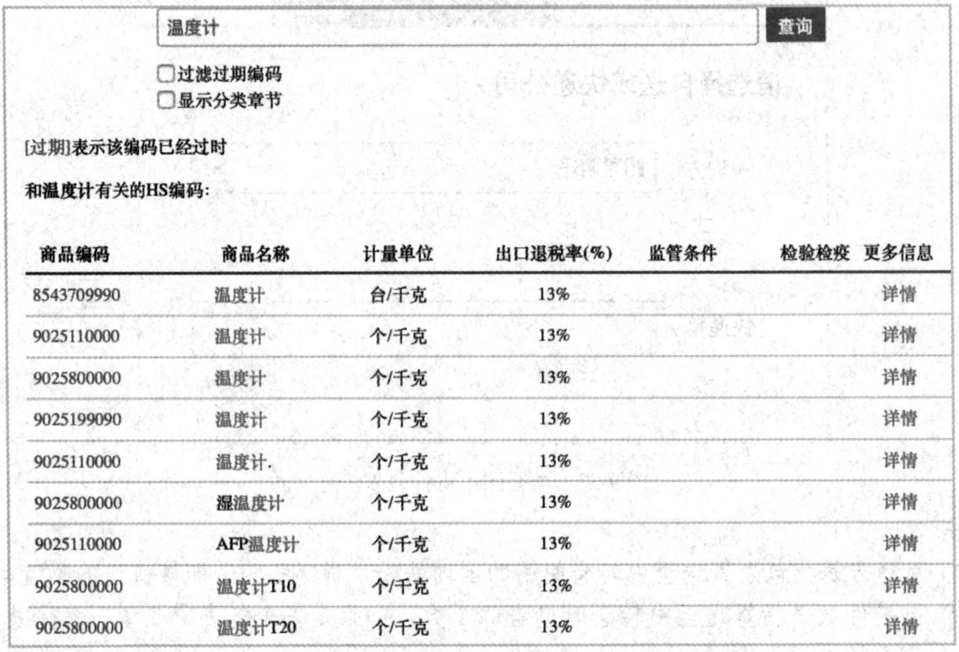

商品编码	商品名称	计量单位	出口退税率(%)	监管条件	检验检疫	更多信息
8543709990	温度计	台/千克	13%			详情
9025110000	温度计	个/千克	13%			详情
9025800000	温度计	个/千克	13%			详情
9025199090	温度计	个/千克	13%			详情
9025110000	温度计.	个/千克	13%			详情
9025800000	湿温度计	个/千克	13%			详情
9025110000	AFP温度计	个/千克	13%			详情
9025800000	温度计T10	个/千克	13%			详情
9025800000	温度计T20	个/千克	13%			详情

图 9-24　海关商品编码查询

(7) 填写申报信息：申报人信息、联系方式、申报金额、邮箱及备注信息，如图 9-25 所示。

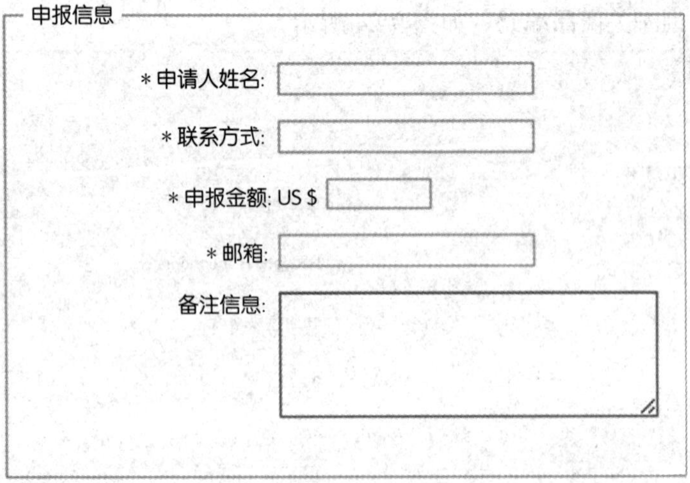

图 9-25　填写申报信息

注：申报信息时，卖家应填写真实信息，金额填写产品售价，确保信息的真实性。

(8) 确认买家收货信息，系统会自动从订单中抓取买家收货信息，如出现错误，卖家也可以进行修改，如图 9-26 所示。

收货姓名:	Tarek AlJazairi
收货地址:	[街道] 397 Sokak, ▪ ▪ ▪ ▪ ▪ ▪ ▪o: 47, d: 2
	[城市] Bagcilar [州/省份] Istanbul
	[邮编] 34295
	[国家/地区] Turkey
联系电话:	/53▪▪ ▪▪22　　　　　修改收件信息

图 9-26　确认买家信息

（9）勾选"我已阅读并同意物流协议"选项，点击"确定"按钮，物流订单便创建完成，如图 9-27 所示。

图 9-27　物流订单创建成功

（10）根据创建成功后的提示，在"交易"模块下"国际快递订单"选项中找到该笔订单，如图 9-28 所示。

图 9-28　查找物流订单

注：不同的货物，不同的物流方式，创建成功的物流订单所在位置不同，物流订单包括国际小包订单、国际快递订单和 e 邮宝订单。

（11）查看物流订单，并复制国际物流单号，如图 9-29 所示。

所有订单	等待仓库收货	等待您支付	等待仓库发货	已完成的订单		
交易订单号	物流信息	件数	物流费(人民币)	状态	操作	
物流订单ID:2069914295 邮政速递物流仓库 🖨					物流订单创建时间: 2019.08.27 02:23	
8000655119777601	中通速递 75167852761264	-	-	等待仓库收货 查看详情		

图 9-29　查看物流订单信息

注: 此处的物流订单号不是之后用来填写发货信息的单号, 而是向物流公司提交的一个订单编号。实际发货的国际单号以快递公司收货并发出后的公示信息为准, 该物流单号会显示在上图蓝色交易订单号后的物流信息一栏。

(12) 在"所有订单"模块中找到已经创建成功物流订单的原始订单, 点击"填写发货通知"按钮, 如图 9-30 所示。

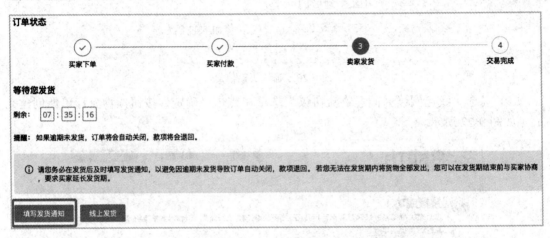

图 9-30   查看原始订单

(13) 将之前创建好的物流订单的国际物流单号填写到"货运跟踪号"一栏, 选择具体的发货状态并点击"提交"按钮(如图 9-31 所示), 即可完成订单线上发货。

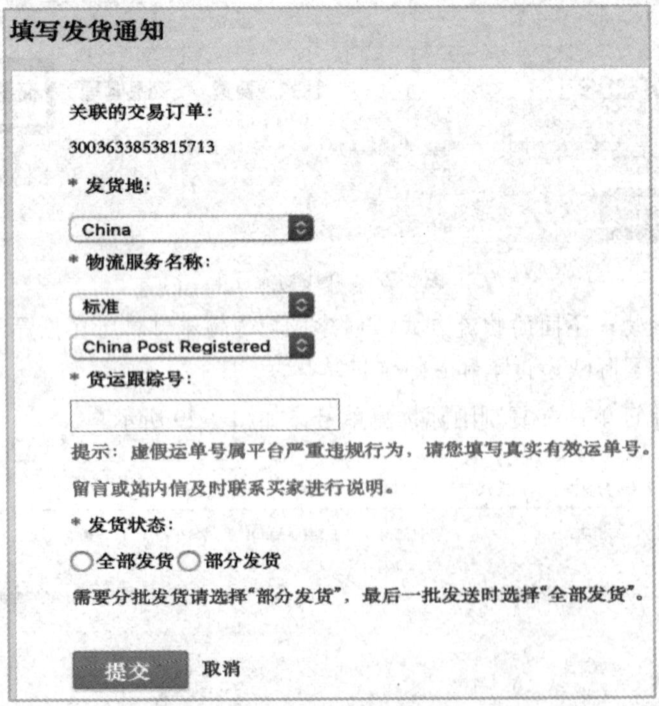

图 9-31   填写物流跟踪号并提交发货

注：

① 订单发货状态分为：全部发货和部分发货，如果一笔订单中包括多个产品的，未能一次性发出，每次发货要选择部分发货，只有最后一次发货才选择全部发货。

② 物流服务名称分为三种：标准、快速和其他，标准和快速下都有很多种物流方式，其他类是卖家自定义填写的，填入对应的物流单号即可。

2．线下发货

线下发货操作相对简单，只需联系好货代，由货代安排物流发往目的地即可。

(1) 登录"卖家中心"，在"交易"模块中查看所有订单，如图 9-32 所示。

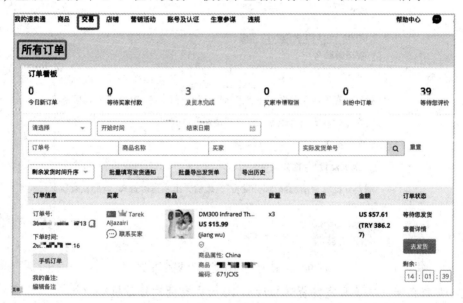

图 9-32　查看所有订单

(2) 点击"去发货"按钮，进入订单详情页面，如图 9-33 所示。

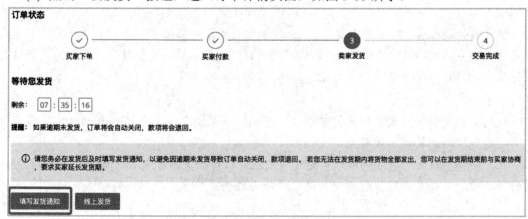

图 9-33　订单详情页面

(3) 点击"填写发货通知"按钮后，选择具体的发货状态并点击"提交"按钮(如图 9-34 所示)，即可完成订单线下发货。

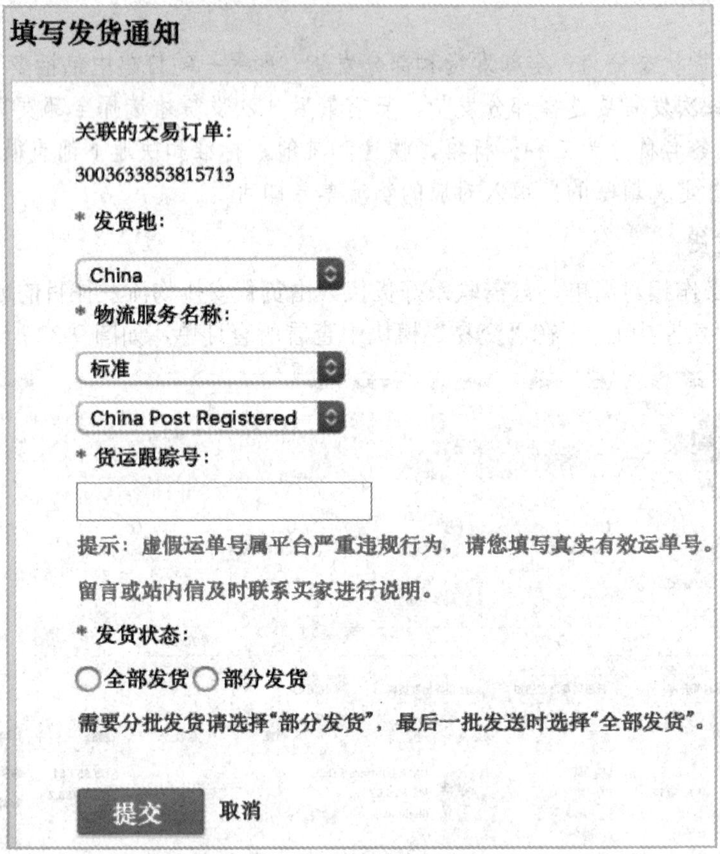

填写发货通知

关联的交易订单：

3003633853815713

* 发货地：

China

* 物流服务名称：

标准

China Post Registered

* 货运跟踪号：

提示：虚假运单号属平台严重违规行为，请您填写真实有效运单号。留言或站内信及时联系买家进行说明。

* 发货状态：

○ 全部发货 ○ 部分发货

需要分批发货请选择"部分发货"，最后一批发送时选择"全部发货"。

提交　　取消

图 9-34　填写物流跟踪号并提交发货

注：卖家在第一次填写完发货通知后的 10 天内有两次修改机会。

线下物流时效无法得到确切的保障，由此造成的物流纠纷由卖家承担。速卖通平台推荐卖家使用线上发货服务。

【案例】

随着店铺的经营，订单越来越多，Lucas 和他的团队也在抓紧时间安排着发货。但是有一笔订单编号为 8007928023600437 的订单通过线上发货，填写发货信息 5 天之后，仍没有任何信息，试分析导致这一情况发生的原因。

【解析】

使用线上发货时，所有信息都可以在线查询，如果出现没有物流信息的情况，卖家首先需要查询填写的物流单号是否正确。

在"交易"模块中查看对应订单的发货情况，核对物流单号是否与填写的单号一致(出错的原因很有可能是卖家将创建的物流订单号当作物流单号去填写发货信息)，如果单号不一致，10 天之内均可进行修改(若超出 10 天，卖家需及时将正确的单号留言给买家)；如果单号一致，卖家需要联系物流公司，确认货物情况(出错的原因可能是海关安检没有通过，也可能是物流公司货物较多没能及时安排订单发出)。

出现以上情况时，卖家均需及时给买家留言说明，避免因此造成店铺评价得分降低。

9.6 海外仓入驻

任务分析

菜鸟海外仓服务是阿里巴巴集团旗下全球速卖通及菜鸟网络联合海外优势仓储资源和本地配送资源推出的物流服务，为速卖通卖家提供海外仓储管理、发货、本地配送、物流纠纷处理以及售后赔付的一站式物流解决方案。本节将介绍如何入驻海外仓。

任务实施

(1) 登录"卖家中心"，在"交易"模块中选择"我有海外仓"选项，如图 9-35 所示。

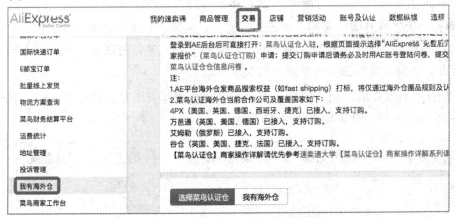

图 9-35 海外仓入口

(2) 点击"选择菜鸟认证仓"按钮或"我有海外仓"按钮，填写信息，如图 9-36 所示。

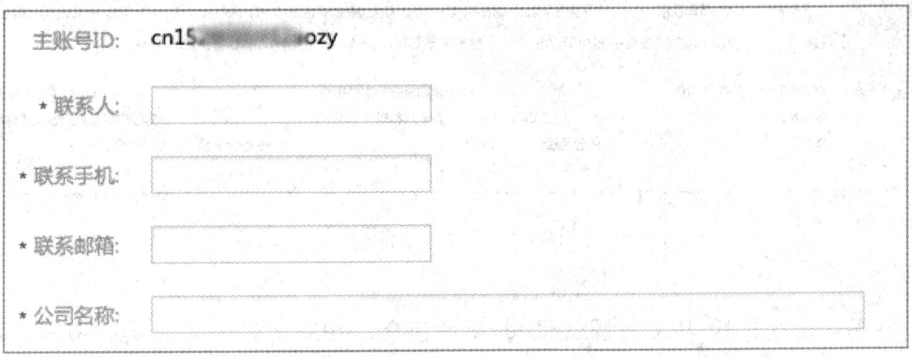

图 9-36 填写信息

注:

① 联系人姓名要求 2~16 字符。

② 公司名称要求 60 个字符以内。

(3) 选择海外仓国家，如图 9-37 所示。

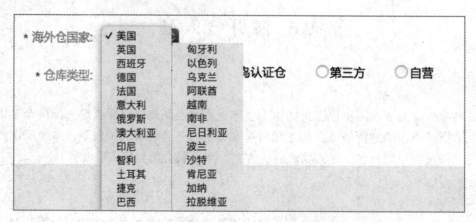

图 9-37　选择海外仓国家

注：海外仓国家有美国、英国、西班牙、德国、法国、意大利、俄罗斯、澳大利亚、印尼、智利、土耳其、捷克、巴西、匈牙利、以色列、乌克兰、阿联酋、越南、南非、尼日利亚、波兰、沙特、肯尼亚、加纳以及拉脱维亚。

(4) 选择仓库类型并填写相关信息，不同类型的仓库需要填写的信息不一样，各仓库类型如图 9-38、图 9-39、图 9-40 和图 9-41 所示。

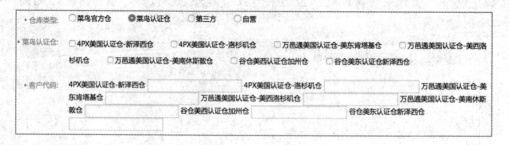

图 9-38　菜鸟官方仓

![图9-39 菜鸟认证仓表单]

图 9-39　菜鸟认证仓

注：

① 菜鸟认证仓包括 4PX 美国认证仓-新泽西仓、4PX 美国认证仓-洛杉矶仓、4PX 美国认证仓-美东肯塔基仓、万邑通美国认证仓-美西洛杉矶仓、万邑通美国认证仓-美西休斯敦仓、谷仓美西认证仓-加州仓和谷仓-美东新泽西仓；

② 客户代码是指卖家与相对应仓库签订合作协议后获得的授权使用的编码。

③ 如果卖家同时合作多家仓库，可以进行多选。

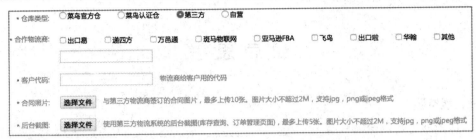

图 9-40 第三方仓库

注:

① 第三方合作物流商有出口易、递四方、万邑通、斑马物联网、亚马逊 FBA、飞鸟、出口啦、华翰和其他(除前面之外的物流商需要勾选其他,并添加物流商名称)。

② 卖家需要提供与第三方物流签订合同的照片,图片格式要求为 JPG、PNG、JPEG,单张图片尺寸不得超过 2 M。

③ 卖家需要提供使用第三方物流系统的后台截图,图片要求与合同照片一致。

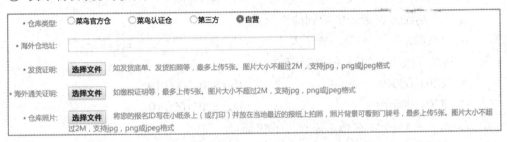

图 9-41 自营海外仓

注:

① 选择自营海外仓时,卖家需要提供发货证明、海外仓通关证明和仓库照片。

② 发货证明可以是发货底单、发货拍照等,卖家最多可上传 5 张图片,图片大小不得超过 2 M,系统支持上传 JPG,PNG 或 JPEG 格式的图片。

③ 通关证明可以是缴税证明等,卖家最多可上传 5 张图片,图片要求与发货证明一致。

④ 卖家应将报名 ID 写在小纸条上(或打印)并放在当地最近日期的报纸上拍照,照片背景应可看到门牌号,卖家最多可上传 5 张图片。

(5) 提交申请后,等待系统审核相关资料,资料审核通过后签署相关协议,海外仓就设置完成了。

本 章 小 结

本章讲述了速卖通物流,首先介绍了速卖通无忧物流和其他常见的物流方式。在对物流方式有了一定的了解之后,创建店铺的物流模板,通过线上、线下的方式完成店铺订单的发货。随着店铺经营,订单会越来越多,卖家可以选择入驻海外仓以减轻自行发货的压力。

课 后 思 考

一、填空题

1. 速卖通无忧物流方式有_____、_____、_____和_____。
2. FedEx 物流方式包括_____和_____两种服务。
3. UPS 中被称为"蓝单"的服务方式是_____。
4. 中国邮政挂号小包的重量要求是_____。
5. e 邮宝限重为_____，按照_____计重。

二、选择题

1. 下列不属于无忧集运发货区域的是(   )。
   A. 阿西尔　　　B. 塔布克　　　C. 堪培拉　　　D. 迪拜
2. 无法在物流方案查询中查到的国家是(   )。
   A. 伊拉克　　　B. 加拿大　　　C. 波兰　　　D. 荷兰
3. 下列发货时填写的海关编码正确的是(   )。
   A. 8201100010　　　　　　　B. 82011000,10
   C. 82011000.10　　　　　　　D. 82011000'10
4. 以下(   )不是速卖通可以使用的快递。
   A. TNT　　　B. UPS　　　C. DHL　　　D. HTC
5. 下列不属于创建物流模板可选择的物流类型的是(   )。
   A. 优先　　　B. 快速　　　C. 标准　　　D. 简易

三、能力拓展

1. 新建运费模板替换已上架产品的运费模板。
2. 整理线上发货流程并作必要说明。

第 10 章　速卖通评价服务

项目介绍

通过整个小组的共同努力，店铺的销量稳步提升，但是随之而来的一些中差评情况也是令人烦恼，这一情况发生的原因主要有两方面：一是由于物流运输过程造成的，二是买家对产品不太满意造成的。面对这样的负面评价，到底如何是好……

通过向平台咨询，Lucas 找到了处理的办法，卖家尽管无法删除或修改负面评价，但是可以联系买家咨询不满意之处，作为将来改进的方向，同样可以针对相关负面评价进行解释说明，从而打消其他买家的顾虑，极大程度地减少负面评价的影响。

对于电商平台来说，交易好评和高信用等级是卖家无形的财富，买家给出的好评越多，卖家的信用等级提升得就越快。卖家的信用等级越高，间接地说明了所售的商品质量很好，卖家提供的服务优质，人气自然而然也就会越来越高，光顾的买家自然也就越来越多。

本章所涉及任务：

➢ 工作任务一：卖家评价档案；
➢ 工作任务二：中差评处理。

本章将对速卖通平台评价体系作全面概述，从而建立卖家速卖通店铺的评价体系。

【知识点】

1. 卖家档案；
2. 评价摘要；
3. 分项评分；
4. 好评率；
5. 评价星级。

【技能点】

1. 如何获得买家好评；
2. 如何处理中差评。

10.1　卖家评价档案

任务分析

评价档案(Seller Feedback)体现了卖家的销售情况，因此卖家要随时关注自己的评价档案，及时了解并掌握销售过程中可能存在的不足之处，从而更好地改正和完善，不断提高店铺的经营能力。

任务实施

卖家评价档案由评价摘要(Seller Summary)、分项评价(Detailed Seller Ratings)、评价历史(Feedback History)和卖家收到的反馈(Feedback Received as a Seller)等部分组成。

1. 评价摘要

评价摘要包括卖家店铺近 6 个月好评率(Positive Feedback Ratings)、信用评价积分和会员(买家)评价日期。

好评率是指在一段时间内卖家收到的好评百分比，计算方式是：

$$好评率 = \frac{5星评价数量 + 4星评价数量}{总评价数量} \times 100\%$$

总评价数 = 1 星评价数 + 2 星评价数 + 3 星评价数 + 4 星评价数 + 5 星评价数

商品商家好评率的计算规则如下：

(1) 相同买家在同一个自然旬内对同一个卖家只做出一个评价的情况下，该买家订单的评价星级将为当笔评价的星级。

注：自然旬即为每月 1~10 日、11~20 日、21~31 日，自然旬按照是美国时间进行统计。

(2) 相同买家在同一个自然旬内对同一个卖家做出多个评价的情况下，按照评价类型(好评、中评和差评)分别汇总计算，每一个类型的评价都只计一次(包括一个订单里有多个商品的情况)。

(3) 每个评价包括 3 个分项评分(商品描述、服务质量和物流运输)，每一项是 5 分，即 5 颗星。同一买家在一个自然旬内对同一卖家商品描述的准确性、交易过程中的沟通质量及回应速度、商品运送时间合理性三项中某一项的多次评分只计一个，该买家在该自然旬对某一项的评分计算方法为：

$$平均评分 = \frac{买家对该分项评分总和}{评价次数} \quad (四舍五入，一般保留 1 位小数)$$

以下三种情况下，不论买家给出的评价好坏，仅展示留评内容，不计入好评率及评价积分：

(1) 成交金额<5 美金的订单(此处的成交金额为买家支付金额减去售中的退款金额，不包括售后退款情况)。

(2) 买家提起未收到货纠纷，或纠纷中包含退货情况且买家在纠纷上升到仲裁前未主动撤销。

(3) 运费补差价、赠品、定金、结账专用链、预售品等特殊商品的评价。

除以上情况之外的评价都会正常计入商品商家好评率和商家信用积分。不论订单金额，信用积分都统一规定为：评价为好评，则信用积分加 1 分；评价为中评，则信用积分不变；评价为差评，则信用积分减 1 分。

2．分项评价

卖家分项评价是指买家在订单交易结束后以实名的方式对卖家在交易中提供的商品描述的准确性(Item as Described)、沟通质量及回应速度(Communication)、商品运送时间的合理性(Shipping speed)三个方面的服务作出评价，是买家对卖家的单向评分。分项评分显示的内容包括各单项平均评分、打分次数以及和同行业平均分的比较百分比。其中，各单项平均评分的计算公式为：

$$卖家分项评分中各单项平均评分 = \frac{买家对该分项评分总和}{评价次数}$$

(若所得结果不为整数，则将结果四舍五入取整。)

评分次数(Ratings)是一段时间内该卖家在某分项得到的所有计分评分次数(一个自然旬内，同一买家的多次评分只计一次评分)。同行业卖家比较值(Higher/Lower than other sellers)是指一段时间内，该卖家某一分项平均分和该卖家所在行业的平均分的比较值。

3．评价历史

评价历史列出了卖家分别在过去 1 个月、3 个月、6 个月、12 个月及历史累计的时间段内收到的好评率、中评率、差评率以及评价数量。卖家可以通过点击相应的列出项，在评价记录中查看指定时间段内的好评、中评和差评记录。

4．卖家收到的反馈

卖家收到的反馈是卖家从买家处得到的所有评价的记录，每条评价记录包括买家名称、交易细节(购买的商品名称及购买数量)和反馈内容(评价星级、评论内容及评价生效时间)。

评价星级是会员在评价一笔交易时给出的五星制评分。其中，5 星、4 星定义为好评；3 星定义为中评；2 星、1 星定义为差评。

卖家收到的反馈统计结果如图 10-1 所示。

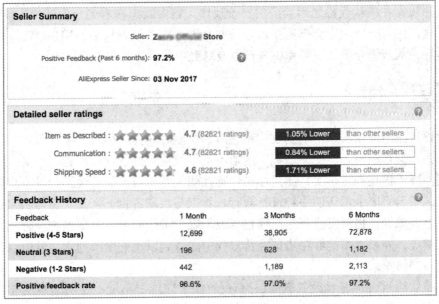

图 10-1　统计反馈结果

注：从图 10-1 中可以看到店铺近 1 个月、近 3 个月和近 6 个月的好评、中评、差评数量，卖家可以通过评价星级核算出店铺 DSR(Detail Seller Rating)三项动态评分(即店铺的描述、服务、物流三项指标的评分)的总分值和各分项评分，并通过评价的数量核算出好评率。

【案例】

Lucas 在整理店铺产品时发现，产品标题下的评分(5.0 分)和店铺的动态评分(4.9 分、4.8 分及 4.8 分)不相符，试分析这是什么原因？

【解析】

这两处展示出来的评分意义是不一样的：

1. 店铺展示的是整个店铺的动态评分，即由每一款产品的每一个评价综合计算得来的评分，不代表某一个产品的评分。每一条评价都会有三项评分：描述、服务及物流，即店铺的动态评分是由店铺里所有评价的三项评分分别综合计算得出的结果。

2. 每一个产品标题下显示的评分是该产品下描述相符的评分综合计算的结果。

因此，在店铺中看到的三项评分与每一款产品标题下看到的评分分值可能不一样，前者的基数要远远大于后者，综合计算的结果也就会不一样。

10.2　中差评处理

任务分析

对于卖家而言，产品的销售是头等大事，然而工作远不能止步于订单发货完成，还需要时刻关注买家在确认收货之后给予的评价反馈。很多卖家在看到负面评价(中差评)之后会无动于衷，还有一些卖家会感到担忧，这些负面评价会影响日后的销售情况，但却不知该如何是好。本节将介绍如何避免中差评以及遇到中差评该如何处理。

任务实施

中差评往往出现在买家下单到收到货之后的这段时间内。出现中差评可以归结为三个原因：产品本身存在问题、交易过程中沟通不当以及物流发货存在问题。产品本身存在问题包括但不限于描述夸大事实、图片与实物存在较大差异及产品质量不佳等；交易过程中沟通不当包括但不限于承诺的服务没有履行、卖家与买家各执一词及卖家与买家存在文字沟通中表意含糊等；物流发货存在问题包括但不限于未经买家同意更换物流方式及未按约定时间发货等。如果卖家能够在店铺经营过程中注意到以上的细节问题，就可以很大程度地避免中差评问题。

尽管速卖通平台不能修改或删除已有评价(如果评价中出现不文明信息或非本平台的账号及联系方式等内容，卖家可以申请对该评价进行屏蔽)，但是卖家可以对每一条评价进行回复和解释，从而消除买家的忧虑。评价回复流程如下：

(1) 登录"卖家中心"，在"交易"模块中选择"评价管理"下拉项中的"交易评价"选项，如图 10-2 所示。

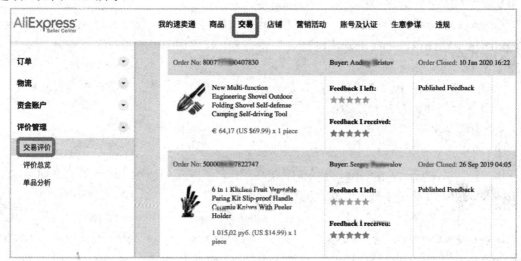

图 10-2　查看交易评价

(2) 点击"回复"按钮进行评价回复，回复的内容应为针对买家提出的问题进行的必要说明，如图 10-3 所示。

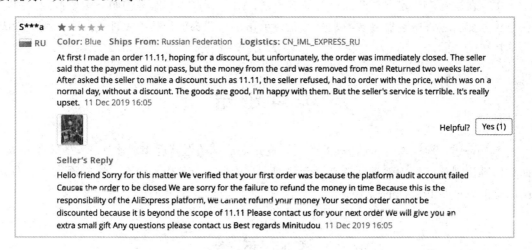

图 10-3　评价回复

注：

① 买家作出的评价会在买家提交评价时即刻生效，卖家需要在评价展示之后的 30 天内进行回复说明，若超过时间，将无法进行解释。

② 买家可对每一笔订单在首次评价后的 150 天内进行追评，一笔订单只可以追评一次。每一个评价可展示 6 个月。

给中差评作出回复解释其实并不难，卖家要从买家所给评价内容中找到买家给出中差评的原因，针对这些原因作出相应的解释，并作出肯定的说明(如果是由于物流时间过长，卖家可以说明在购买时可以由买家指定快递；如果是由于产品破损，卖家要说明之后会加固包装等)。

【案例】

Lucas 在众多评价中发现一条 3 星评价，其内容是"The goods have been received without any problems, but my mother does not like it." 请问 Lucas 应该如何解释？

【解析】

从评价中可以看出，产品和服务等方面是没有问题的，评分过低是由于买家喜好造成的。对待这样的评价，卖家应该从以下几方面进行解释：

1. 感谢买家如实的评价。

2. 肯定产品的品质以及店铺的服务。

3. 需要特别注明的一点是：买家在购买前有任何不确定的问题可以随时联系卖家，卖家会进行说明，以便买家可以买到更加合适的产品。

例如，卖家可以解释为：Thank you very much for your truthful evaluation and affirmation of the product quality and service of the store. Everyone has their own preferences, and we are also willing to provide every customer with their favorite products, so you can contact us before buying to help you buy more desirable products.Similarly, if you have any problems after receiving the goods, you can also contact us at any time to help you solve your problems.

卖家在运营中一定要对产品进行如实描述，对所有描述和服务说明一定要做到细致，在与买家交流过程中要做到实事求是，兑现承诺，从源头上预防中差评的发生，避免造成亡羊补牢的局面。

本 章 小 结

本章讲述了速卖通评价服务，卖家需要通过对店铺的经营逐步地建立起卖家评价档案，针对店铺出现的一些中差评问题能够合理地进行处理，避免引起潜在买家的流失，从而提高店铺的好评率和店铺的信用积分。

课 后 思 考

一、填空题

1. 卖家评价档案包括_____、_____、_____和_____。

2. 卖家评价的每个评价分项包括_____、_____和_____。

3. 好评包括_____评价和_____评价。

4. 好评率的计算公式是_____。

5. 产品的评分与_____相关。

二、选择题

1. 产品页面可以看到的评分是对(　　)的评分。

　A．产品质量　　　　　　　　　B．产品描述

　C．产品物流　　　　　　　　　D．产品服务

2. 下列计入好评率的是(　　)。

　A．$5.1 的玩具　　　　　　　　B．$5.2 的差价

　C．$4.8 的手套　　　　　　　　D．大促预售产品

3. 历史评价中看不到(　　)前的评价。

　A．3 个月　　　　　　　　　　B．6 个月

　C．9 个月　　　　　　　　　　D．12 个月

4. 每一个评价可展示的时间为(　　)。

　A．1 个月　　　　　　　　　　B．3 个月

　C．6 个月　　　　　　　　　　D．12 个月

5. 每笔订单的追评时限为(　　)。

　A．60 天　　　　　　　　　　B．90 天

　C．120 天　　　　　　　　　　D．150 天

三、能力拓展

卖家评价档案包括哪些方面？店铺的好评率和信用积分是如何计算的？

第 11 章　速卖通纠纷预防及处理

项目介绍

随着 Lucas 和团队伙伴们不懈的努力，运营工作越来越得心应手，公司的业绩也快速地得到了提升。尽管有一些负面评价最终也都迎刃而解了，但是与此同时又出现了一些售后纠纷的问题，如买家的拒付和退换货纠纷等。

通过向相关银行咨询，Lucas 和他的团队对于拒付有了一定的了解，开始重视这一方面问题的处理，面对顾客提出的各类型的纠纷，积极地去协商解决，确保店铺的各项指标都处于健康的状态。

在店铺经营过程中，卖家会遇到各种各样的问题，其中，纠纷就是每个卖家必须要面对的问题。如果店铺的纠纷率过高则会影响产品的曝光率，卖家无法参与多种平台活动，影响买家的购物体验，最终导致买家流失，卖家的利益也会受到极大的影响。因此，如何预防纠纷和处理纠纷是卖家的必修课。

本章所涉及任务：

➢ 工作任务一：处理买家拒付问题；

➢ 工作任务二：预防纠纷问题；

➢ 工作任务三：裁决与处理纠纷。

【知识点】

1. 拒付；
2. 纠纷；
3. 仲裁；
4. 未收到货；
5. 退换货。

【技能点】

1. 拒付处理；
2. 纠纷预防；
3. 纠纷处理。

11.1　买家拒付处理

任务分析

拒付也被称为退单或撤单，是指买家要求信用卡公司撤销已经结算的交易。买家可以根据信用卡组织的规则和时限向其发卡方提出拒付要求。

实际上，拒付是信用卡公司给予持卡人的一种权利，并不是通过速卖通/支付宝提出的。在拒付争议的处理过程中，裁决最终由信用卡公司做出，速卖通/支付宝无法控制结果。

买家必须依照信用卡组织的规则在规定的时限内提出拒付。接受信用卡付款的所有卖家都要承担买家拒付的风险。拒付是接收信用卡进行国际贸易时一种不可避免的成本。许多卖家已将这种成本纳入其业务的风险模式之中。

拒付常见的原因包括：

(1) 物品未收到：买家付款后未收到物品。

(2) 物品显著不符：买家付款后收到的物品与期望物品显著不符。

(3) 未经授权使用：买家的信用卡卡号被盗或被以欺诈方式使用。

任务实施

1. 国际信用卡拒付流程

国际信用卡拒付流程如图 11-1 所示。

买家　　　信用卡公司　　　商户银行　　　支付宝　　　速卖通　　　卖家

图 11-1　拒付流程

国际信用卡拒付流程具体说明如下：

(1) 买家向信用卡公司提出拒付申请。

(2) 该信用卡公司向速卖通/支付宝的商家银行通报拒付，并向速卖通/支付宝扣除相应资金。

(3) 速卖通/支付宝暂时冻结被拒付的交易。

(4) 速卖通/支付宝立即向卖家发出电子邮件，要求其提供附加信息，用于对拒付提出抗辩。

(5) 速卖通/支付宝会判责拒付的承担方，如卖家无责，则速卖通/支付宝会解除先前冻结的交易。如卖家有责，速卖通/支付宝可按卖家要求提起抗辩并等待买家信用卡公司对抗辩的反馈。

2. 卖家收到拒付信息

当买家提出拒付时,买家的信用卡公司会通知速卖通/支付宝的商家银行。速卖通的商家银行会通知速卖通平台出现拒付情况,平台会立刻向卖家发送电子邮件和站内信进行通知,卖家可查看拒付信息,如图 11-2 所示。

图 11-2　卖家收到拒付信息

卖家收到拒付信息后,卖家的资金会受到的影响如下:

(1) 拒付会引发一系列连锁反应,买家银行从速卖通/支付宝的商家银行提走资金,速卖通/支付宝的商家银行从速卖通/支付宝提走资金,而速卖通平台会冻结卖家的交易。

(2) 根据速卖通/支付宝政策,如果卖家无须对该拒付负责,速卖通/支付宝会解冻卖家的交易,并将把相关资金转入卖家支付宝账户。

(3) 根据速卖通/支付宝政策,如果卖家需要对该拒付负责,卖家的交易会被继续冻结。卖家和速卖通/支付宝可以协同工作,就拒付向买家的信用卡公司提出抗辩。如果速卖通/支付宝和卖家最终在拒付抗辩中取胜,速卖通/支付宝将不会扣除卖家相应资金。反之,与拒付相关资金将会从国际支付宝账户扣除。

(4) 处理拒付的时间根据涉及的信用卡公司不同,一般需要 90～180 天。

(5) 如果速卖通/支付宝的商家银行最终没有因为该拒付提走资金,则速卖通/支付宝也不需要提取卖家的资金。

(6) 一旦收到拒付,卖家都应重视并迅速响应,积极和买家沟通解决问题,以尽量减少或避免资金损失。

卖家收到拒付原因通知时,务必查看站内信相关通知内容,当信用卡公司需要卖家提供资料来对此笔拒付做出判责时,为尽量降低卖家的损失,应点击站内信中的申诉链接,并按照页面提示提供尽量完整的相关资料,完成信用卡公司对此笔订单的拒付调查,如图 11-3 所示。

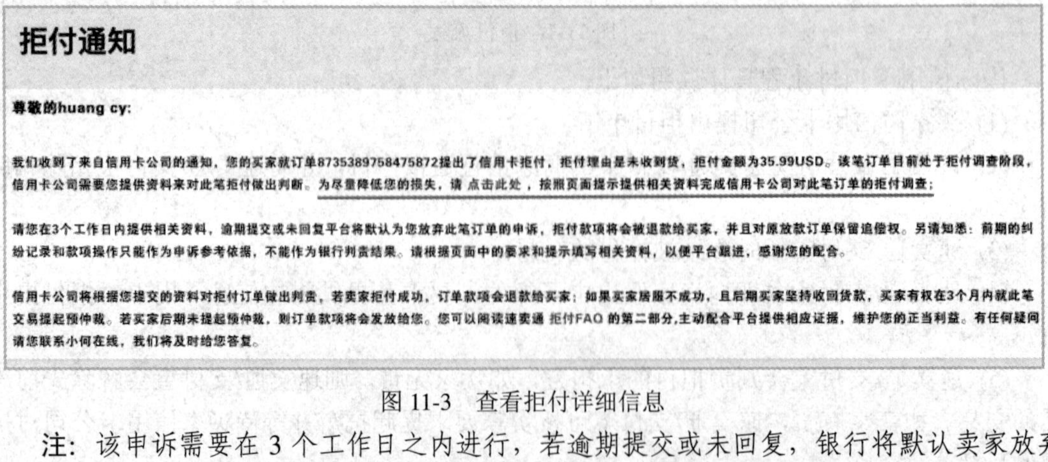

拒付通知

尊敬的**huang cy**:

我们收到了来自信用卡公司的通知,您的买家就订单8735389758475872提出了信用卡拒付,拒付理由是未收到货,拒付金额为35.99USD。该笔订单目前处于拒付调查阶段,信用卡公司需要您提供资料来对此笔拒付做出判断。为尽量降低您的损失,请 点击此处,按照页面提示提供相关资料完成信用卡公司对此订单的拒付调查;

请您在3个工作日内提供相关资料,逾期提交或未回复平台将默认为您放弃此笔订单的申诉,拒付款项将会被退款给买家,并且对原款留订单保留追偿权。另请知悉:前期的纠纷记录和款项操作只能作为申诉参考依据,不能作为银行判责结果。请根据页面中的要求和提示填写相关资料,以便平台推进,感谢您的配合。

信用卡公司将根据您提交的资料对拒付订单做出裁定,若卖家拒付成功,订单款项会退款给买家;如果买家居服不成功,且后期买家坚持收到货款,卖家有权在3个月内就此笔交易提起仲裁。若买家后期未提起预仲裁,则订单款项会发放给您。您可以阅读速卖通 拒付FAQ 的第二部分,主动配合平台提供相应证据,维护您的正当利益。有任何疑问请您联系小何在线,我们将及时给您答复。

图 11-3　查看拒付详细信息

注: 该申诉需要在 3 个工作日之内进行,若逾期提交或未回复,银行将默认卖家放弃对此笔订单的申诉,拒付款项将会被退款给买家,所以需要申诉的卖家应务必及时申诉)。

卖家收到拒付并不会对该卖家在速卖通上的信用度有负面影响。拒付制度由第三方信用卡公司提供，与速卖通信用评价无关。提出拒付不会影响买家对卖家做出信用评价。同样的，作出信用评价(无论是好评、差评还是中评)也不会影响买家对卖家提出拒付。

【案例】

Lucas 收到一条拒付信息，具体内容为"尊敬的***，我们收到了来自信用卡公司的通知，您的买家就订单：8007545398386998 提出了信用卡拒付。拒付金额为：39.99USD。该笔订单目前处于拒付调查阶段，信用卡公司需要您提供资料来对此笔拒付做出判断。为尽量避免您的损失，请点击此处，按照页面提示提供相关资料用作信用卡公司对此笔订单的拒付调查。"请问 Lucas 应该如何处理？

【解析】

收到拒付信息时，卖家首先需要查看拒付原因，找到对应的订单，查看订单的具体信息。

根据买家提出的相关拒付原因，卖家应联系买家进一步确认货物的实际情况以及提出拒付的原因，然后根据相应的情况进行协商处理。

同样的，卖家需要在后台进行对应拒付信息的处理，避免在规定时间内因未及时处理，造成拒付成功的情况发生。

11.2　纠 纷 预 防

任务分析

买家提起的纠纷主要有两大类："货不对版"和"未收到货"。如何预防纠纷的发生，同样也是卖家在运营过程中必须要注意的问题，本节将详细介绍两种纠纷的预防措施。

任务实施

1. 货不对版

买家收到的货物与购买之前看到的货物存在差异或与期望不符都属于货不对版类纠纷发生的原因。预防货不对版类纠纷的措施可分为如下 3 种：

1) 产品描述真实全面

卖家在编辑产品信息时，务必基于事实，全面而细致地描述产品：

(1) 例如，卖家需提供电子类产品的产品功能及使用方法，避免买家收到货后因无法合理使用而提起纠纷。

(2) 又如，针对服饰、鞋类产品，建议卖家提供尺码表，以便买家选择，避免买家收到货后因尺寸不合适而提起纠纷等。

(3) 卖家不可因急于达成交易而对买家有所欺骗，如将实际内存只有 2 G 的 U 盘刻意描述成 256 G，此类欺诈行为一经核实，速卖通平台将严肃处理。

(4) 卖家对产品描述时，对于产品的瑕疵和缺陷也不应有所隐瞒。

(5) 产品描述中，建议卖家注明货运方式、可送达地区以及预期所需的运输时间，同时，也建议卖家向买家解释海关清关缴税、产品退回责任和承担方等内容。

买家是根据产品的描述而产生购买行为的，买家知道得越多，其预期也会越接近实物，因此真实全面的描述是避免纠纷的关键。

2) 严把质量关

在发货前，卖家需要对产品进行充分的检测：产品的外观是否完好，产品的功能是否正常，产品是否存在短装，产品邮寄时的包装是否抗压、抗摔，是否适合长途运输等。卖家若发现产品质量问题应及时联系厂家或上游供应商进行更换，避免因产生纠纷而造成退换货的情况，外贸交易中退换货物的运输成本是极高的。

3) 杜绝假货

全球速卖通一向致力于保护第三方知识产权，并为会员提供安全的交易场所，非法使用他人的知识产权是违法且违反速卖通政策的。

若买家提起纠纷，投诉卖家销售假货，而卖家无法提供产品的授权证明的，将被速卖通平台直接裁定为卖家全责，卖家在遭受经济损失的同时也将受到平台相关规则的处罚。因此，对于涉及第三方知识产权，且无法提供授权证明的产品，卖家务必不要在速卖通平台上进行销售。

2. 未收到货

货物未能按照正常时效送达或运输途中发生丢失、损毁等情况，都可能会引起未收到货的纠纷，预防未收到货纠纷的措施有如下两种：

1) 选择合适的物流方式

国际物流往往存在很多不确定因素，如海关问题、关税问题、派送转运问题等。在整个运输过程中，这些复杂的情况很难被控制，难免会产生包裹清关延误，派送超时甚至包裹丢失等状况。对于买家来说，长时间无法收到货物或长时间不能查询到物流更新信息将会直接导致其提起纠纷。

同时，没有跟踪信息的快递方式对于卖家的利益也是没有保障的，当买家提起未收到货的纠纷时，货物信息无法跟踪对卖家的举证是非常不利的。因此，平台建议卖家在选择快递方式时，可以结合不同地区、不同快递公司的清关能力以及包裹的运输期限，选择EMS、DHL、FedEx、UPS、TNT、SFexpress 等物流信息更新较准确、运输时效性更佳的快递公司，这些快递方式相比较航空大小包来说，风险值会低很多。

考虑到实际情况，卖家如需找寻货代公司帮助发货，应优先选择正规的、能同时提供发货与退货保障的货代公司，在最大程度上保证卖家的利益不受损害。

总的来说，卖家选择快递方式时务必权衡交易中的风险与成本，尽可能选择可提供实时查询货物追踪信息的快递公司。

2) 有效沟通

(1) 如果包裹邮寄发生了延误，卖家应及时通知买家，解释包裹未能在预期时间内送达的原因，以获得买家谅解。

(2) 如果包裹因关税未付被扣关，卖家应及时告知买家，声明自己已在产品描述中注明买家缴税义务，不妨此时提出为买家分担一些关税，这不仅能避免物品被退回，还能让买家因卖家十足诚意而给予高分好评。

(3) 如果包裹因无人签收而暂存于邮局，卖家应及时提醒买家找到邮局留下的字条，在有效期内领取包裹。

(4) 卖家应及时处理买家关于物品未收到的询问，让买家体会到卖家的用心服务。

(5) 在交易过程中，卖家应与买家保持有效的沟通，这不仅能够促使交易顺利完成，还将有可能获得买家二次购买的机会。

11.3　纠纷裁决与处理

任务分析

交易过程中，买家提起退款/退货退款申请即进入纠纷阶段，卖家在收到申请后，需要积极地与买家进行沟通，妥善处理。若买卖双方没有达成一致，便可以申请平台介入进行仲裁。

任务实施

纠纷的提出与处理过程如图 11-4 所示。

1. 买家提起退款/退货退款申请

1) 买家提交纠纷的原因

(1) 买家未收到货。

(2) 买家收到的货物与约定不符。

(3) 买家自身原因。

2) 买家提交退款申请时间

买家可以在卖家全部发货 10 天后申请退款(若卖家设置的限时达时间小于 10 天，则买家可以在卖家全部发货后立即申请退款)。

3) 买家端操作

在提交纠纷页面中，买家可以看到两个选项"Only Refund"和选项"Return & Refund"，选择"Only Refund"选项就可以提交仅退款申请，选择"Return & Refund"选项就可以提交退货退款申请。提交退货退款/仅退款申请后，买家需要描述问题与解决方案并上传证据。买家提交纠纷后，淘宝小二(阿里巴巴淘宝网客服团体总称)会在 7 天内(包含第 7 天)介入处理。

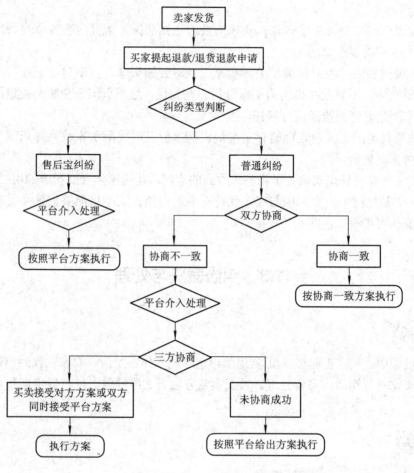

图 11-4　纠纷提出与处理流程

2. 买卖双方交易协商

（1）买家提起退货/退款申请后，需要卖家的确认，卖家可以在纠纷列表页面中看到所有的纠纷订单。快速筛选区域展示关键纠纷状态："纠纷处理中""买家已提起纠纷，等待您确认"以及"等待您确认收货"。对于卖家未响应过的纠纷，卖家可以点击"接受"按钮或"拒绝并提供方案"按钮进入纠纷详情。查看纠纷页面如图 11-5 所示。

图 11-5　查看纠纷页面

(2) 进入纠纷详情页面，卖家可以看到买家提起纠纷的时间、原因、证据以及买家提供的协商方案等信息，如图 11-6 所示。当买家提起纠纷后，卖家应在买家提起纠纷的 5 天内接受或拒绝买家提出的纠纷，若逾期未响应，系统会自动根据买家提出的退款金额执行退款。建议卖家在协商阶段积极与买家进行沟通。

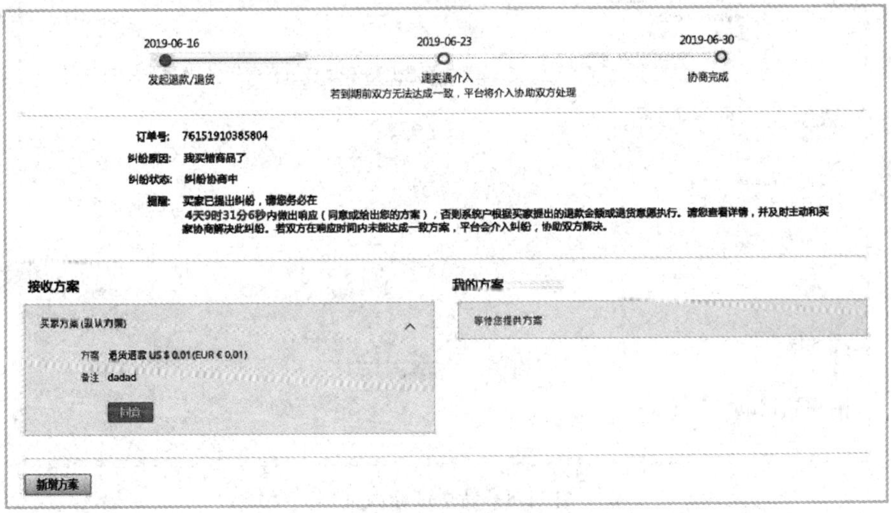

图 11-6　纠纷详情页面

(3) 同意协商方案。买家提起的退款申请有以下两种类型：

① 仅退款：卖家接受时会提示卖家确认退款方案，若同意退款申请，则退款协议达成，款项会按照双方达成一致的方案执行。

② 退货退款：若卖家接受，则需要卖家确认收货地址，其默认为卖家注册时填写的地址(地址需要全部以英文来填写)，若地址不正确，则点击"修改收货地址"按钮进行地址的修改，如图 11-7 所示。

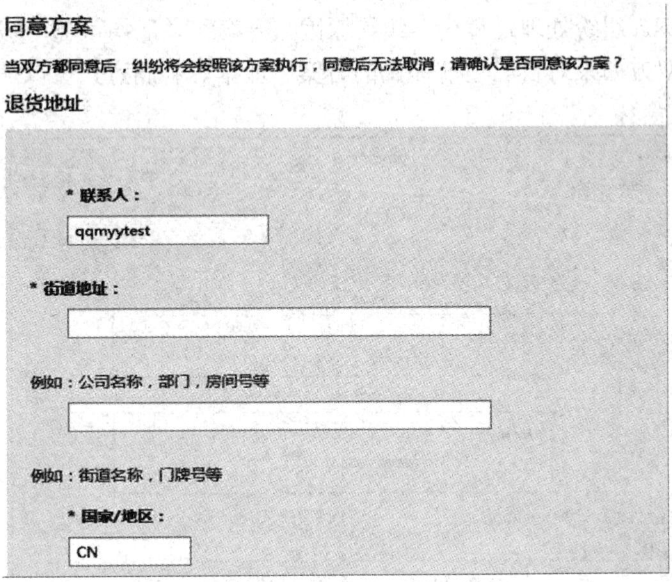

图 11-7　填写退货地址

(4) 卖家新增或修改证据如图 11-8 所示。

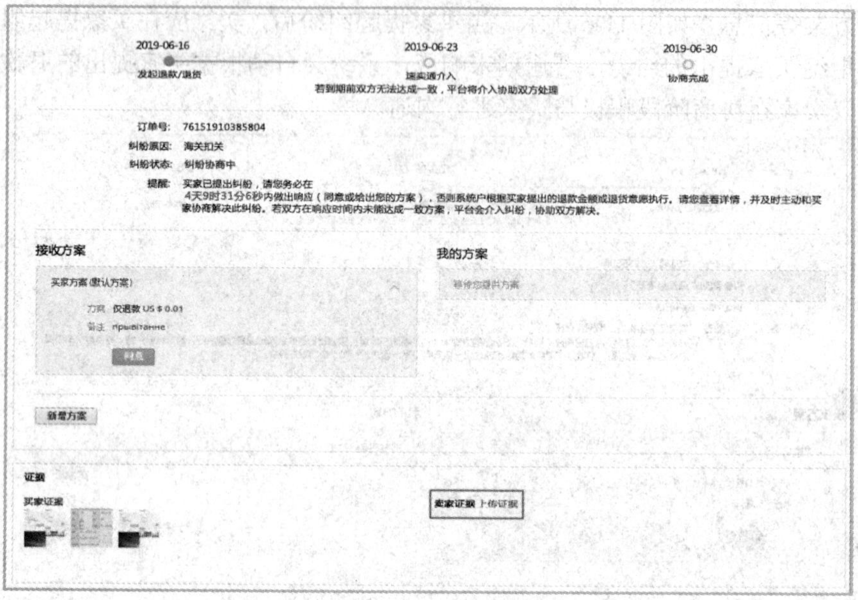

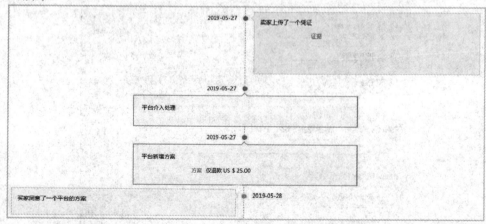

图 11-8　新增或修改证据

注: ① 图片证据最多上传 3 个文件,单个文件不得超过 2 MB,支持 JPG、JPEG 和 PNG 格式。

② 卖家每次只能上传一个视频证据,视频证据不得超过 500 MB,支持 3GP、MP4b、MPV、MOV、RM、RMVB、AVI、MPEG、WMV、DAT、VOB 以及 FLV 格式。

3. 平台介入协商

买家提交纠纷后,淘宝小二会在 7 天内(包含第 7 天)介入处理。平台会参照案件情况以及双方协商阶段提供的证明给出方案。买卖双方在纠纷详情页面中可以看到买家、卖家和平台三方的方案。纠纷处理过程中,纠纷原因、方案和举证均可随时被独立修改(在案件结束之前,买卖双方如果对自己之前提供的方案、证据等不满意,可以随时进行修改),如图 11-9 所示。

图 11-9　平台介入裁决过程

买卖双方如果接受对方或平台给出的方案，可以接受此方案，此时双方对同一个方案达成一致，纠纷完成。纠纷完成订单处于赔付状态时，买卖双方将不能再进行协商。

本 章 小 结

本章讲述了速卖通纠纷类型和每个类型纠纷的预防及处理措施，让卖家在经营过程中尽可能地避免不必要的纠纷。即使在遇到纠纷问题时，也能让卖家用清晰的思路去处理。纠纷在上升到平台介入之前不会影响店铺的纠纷率，一旦平台介入，就会影响店铺的纠纷率。纠纷率若超过平台要求值，卖家将会被限制参与平台部分活动，产品的转化以及店铺的成交额也会受到影响。

课 后 思 考

一、填空题

1. 买家常见的拒付原因是_____、_____和_____。
2. 卖家可以在_____查看拒付信息。
3. 拒付信息应该在_____天内处理，未及时处理的_____。
4. 纠纷的常见类型有_____和_____。
5. 卖家提出纠纷时可以选择的原因有_____和_____。

二、选择题

1. 下列不属于拒付原因的是(　　)。
   A. 假货
   B. 信用卡被盗失
   C. 显示签收却未收到
   D. 收到包装破损
2. 拒付是由(　　)发起的。
   A. 卖家　　　　　B. 平台　　　　　C. 买家　　　　　D. 银行
3. 卖家提出纠纷后(　　)天内平台介入。
   A. 5　　　　　　B. 7　　　　　　C. 10　　　　　　D. 15
4. 下列会引起货不对版纠纷的是(　　)。
   A. 如实的描述
   B. 质量过关
   C. 商品破损
   D. 假冒伪劣
5. 在纠纷处理中，卖家新增证据最多(　　)图片，单张不超过(　　)。
   A. 3 张，3 MB
   B. 2 张，2 MB
   C. 3 张，2 MB
   D. 2 张，3 MB

三、能力拓展

整理纠纷类型和纠纷处理过程，针对每一步操作说明原由并作必要的说明。

附　录

附录一　禁限售产品类别

附录二　类目佣金明细表

附录三　独占授权书

附录四　专卖店授权书

附录五　商标授权书

附录六　必需品牌的类目

附录七　速卖通物流报价表

参 考 文 献

[1] 阮晓文，朱玉赢. 跨境电子商务运营：速卖通 亚马逊 eBay[M]. 北京：人民邮电出版社，2018.

[2] 海猫跨境编委会. 大卖家[M]. 3 版. 武汉：华中科技大学出版社，2017.

[3] 李洁. 跨境电商：速卖通运营与管理[M]. 北京：人民邮电出版社，2019.

[4] 速卖通大学. 跨境电商：阿里巴巴速卖通宝典[M]. 2 版. 北京：电子工业出版社，2019.

[5] 白城师范学院. 跨境电子商务实务[M]. 西安：西安电子科技大学出版社，2019.

[6] 杨雪雁. 跨境电子商务实践[M]. 北京：电子工业出版，2019.